人工智能专利导航与产业战略规划

人工智能专利导航与产业战略规划课题组◎著

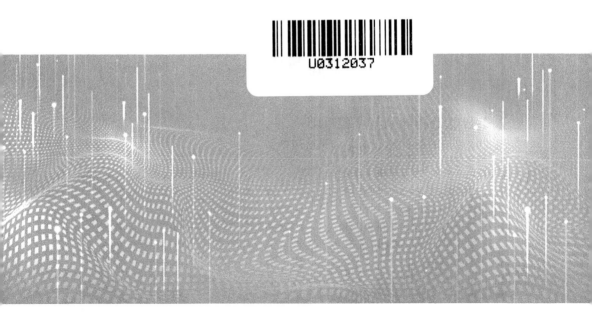

知识产权出版社

全国百佳图书出版单位

—北京—

图书在版编目（CIP）数据

人工智能专利导航与产业战略规划/人工智能专利导航与产业战略规划课题组著 . —北京：知识产权出版社，2024.4

ISBN 978-7-5130-9088-9

Ⅰ.①人…　Ⅱ.①人…　Ⅲ.①人工智能—专利—研究报告—中国　Ⅳ.①TP18 ②G306.3

中国国家版本馆 CIP 数据核字（2023）第 234764 号

责任编辑：王海霞　　　　　　　　责任校对：谷　洋
封面设计：邵建文　马倬麟　　　　责任印制：孙婷婷

人工智能专利导航与产业战略规划

人工智能专利导航与产业战略规划课题组　著

出版发行：知识产权出版社 有限责任公司	网　址：http://www.ipph.cn		
社　　址：北京市海淀区气象路 50 号院	邮　编：100081		
责编电话：010-82000860 转 8790	责编邮箱：9376063@ qq. com		
发行电话：010-82000860 转 8101/8102	发行传真：010-82000893/82005070/82000270		
印　　刷：北京中献拓方科技发展有限公司	经　销：新华书店、各大网上书店及相关专业书店		
开　　本：720mm×1000mm　1/16	印　张：11		
版　　次：2024 年 4 月第 1 版	印　次：2024 年 4 月第 1 次印刷		
字　　数：160 千字	定　价：66.00 元		

ISBN 978-7-5130-9088-9

出版权专有　侵权必究

如有印装质量问题，本社负责调换。

本书撰写组成员

主　编　顾文海

副主编　林　敏　陆建友

作　者　高　非　沈方英　周　伟　赵立娜

　　　　张立新　韩建华　王燕萍　张鸣燕

　　　　杨　波　杨　辛　杨串霞　严沛闻

　　　　沈海洁

前　言

随着科技的飞速发展，人工智能已经从一个纯粹的科技领域，逐渐演变成一种全球性的经济现象。人工智能技术以其广泛的应用场景和巨大的商业价值，正在改变着人类生活的方方面面。作为技术创新的重要载体，专利在这场全球性的人工智能革命中扮演着至关重要的角色。它们记录了人工智能技术的演进和发展，反映了人工智能产业的技术走向和竞争态势。为了深入了解人工智能产业的发展状况，挖掘技术创新趋势，明确区域发展路径，我们编写了这本《人工智能专利导航与产业战略规划》。

本书以全球范围内的人工智能产业专利数据为基础，通过详尽的统计分析，结合专家意见，对人工智能产业的专利状况进行了全面的梳理和分析，同时，综合人工智能领域相关政策、产业、产业链结构等维度的内容，呈现出一份集前瞻性、深度分析和行业洞见于一体的专利分析报告。具体地，在人工智能领域政策方面，本书调研和梳理了国外的政策形势、国内及重要省（区、市）的引导政策；在产业方面，结合文献资料梳理了人工智能产业发展历程、产业规模、产业结构、产业环境、产业相关主要法人及自然人等产业态势情况；在产业链结构方面，提供了布局人工智能产业、构建区域产业生态等方面的内容；在专利分析方面，揭示行业的热点领域、新兴技术和创新方向。

本书研究发现，人工智能产业的专利申请量和授权量均呈现出快速增长的态势。尤其是在中国，由于政府的大力推动和市场的巨大需求，人工智能领域的专利申请量和授权量均位居全球前列。这表明中国在人工智能领域的创新能力和竞争力正在不断提升。人工智能产业的技术创新主要集中在机器学习、机器视觉等领域，这些领域的专利申请量和授权量占据了人工智能产业的主导地位。人工智能技术在智慧工业、智慧医疗等领域的应用场景日益丰富，这些领域的技术创新正在不断推动人工智能技术的进步和发展。

本书通过专利分析的方式，对人工智能产业的发展状况进行了全面的梳理和分析。我们希望通过本书，能够为科技创新领域的政策制定和实践提供参考与借鉴，为推动人工智能产业的健康发展和持续创新贡献一份力量。

由于专利文献的数据采集范围和专利分析工具的限制，加之研究人员水平有限，书中的数据、结论和建议仅供社会各界借鉴研究。

人工智能专利导航与产业战略规划课题组

2023 年 11 月

目　　录

图目录

表目录

第 1 章 绪 论

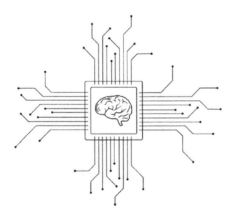

1.1　人工智能的定义

　　纵观人类的发展历史，每一次重大变革，都会使生产力呈指数级增长。青铜器、铁器的运用促进了农耕技术的极大发展，使人类人口大暴发；改良蒸汽机促进了工业时代的到来，人类的生产力极值迅速被突破，新的社会关系与组织形态随之形成；以计算机为代表的信息技术则是以最快的速度迭代到每一个角落，爆发出千百倍的生产效率。可以说，人类世界的发展如果存在火车头的话，那么这个火车头不是帝王将相等英雄人物，不是著作等身的学者专家，而是实实在在可以通过产业化改善人类生活的技术。

　　立足于信息时代的浪潮之中，我们不禁要把目光投向更前方，究竟引领人类变革的下一代技术是什么？很多领域的专家把方向定位在人工智能。

　　人工智能（Artificial Intelligence，AI）也称为机器智能，是指由人制造出来的机器所表现出来的智能。人工智能技术通常是指通过普通计算机程序的手段实现类人智能的技术。传统的人工智能发展思路是研究人类如何产生智能，然后让机器学习人的思考方式去行为。而现代人工智能理念则认为机器不一定需要像人一样思考才能获得智能，重点是让机器能够解决人脑所能解决的问题。人工智能的核心问题包括构建与人类似其至超越人的推理、认知、规划、学习、交流、感知、移动和操作物体的能力等。

尽管如此，各领域专家对于人工智能的定义一直在不断地改变。"人工智能"一词最早是由麻省理工学院（MTT）的约翰·麦卡锡（John Mc-Carthy）[①] 在 1956 年达特茅斯会议上提出的，麦卡锡将其定义为：人工智能就是让机器的行为看起来像人所表现出的智能行为一样。图灵奖得主爱德华·费根鲍姆（Edward Feigenbaum）把人工智能定义为：人工智能属于计算机科学的一个分支，旨在设计智能的计算机系统，即对照人类在自然语言理解、学习、推理、问题求解等方面的智能行为，所设计的系统应呈现出与人类行为类似的特征。[②]

我国学者在人工智能的定义上也是各引一端。中国科学院院士、清华大学人工智能研究院名誉院长张钹等认为，人工智能是利用机器去模仿人的智能行为，这些智能行为包括推理、决策、规划、感知和运动;[③] 中国科学院院士、中国科学院自动化研究所研究员谭铁牛等认为，人工智能是一门以探寻智能本质、研制具有类人智能的智能机器为目的，以模拟、延伸和扩展人类智能的理论、方法、技术及应用系统为内容，以会看、会说、会行动、会思考、会学习为表现形式的学科。[④]

在人类未能造出一模一样的自己之前，人工智能的定义将一直变换，因为每一代人都会把已实现的智能认为是习以为常的"传统"技术，而新出现的自动化是人工智能的最新突破。

---

① MCCARTHY J, MINSKY M L, ROCHESTER N, et al. A proposal for the Dartmouth summer research project on artificial intelligence [J]. AI Magazine, 2006, 27 (4)：12-14.

② BARR A, FEIGENBAUM E A. The Handbook of Artificial Intelligence [M]. Kaufmann：Elsevier Inc., 1982.

③ 张钹, 朱军, 苏航. 迈向第三代人工智能 [J]. 中国科学：信息科学, 2020, 50 (9)：1281-1302.

④ 谭铁牛, 孙哲南, 张兆翔. 人工智能：天使还是魔鬼？ [J]. 中国科学：信息科学, 2018, 48 (9)：1257-1263.

1.2 人工智能的发展历程

人工智能的发展经历了三次黄金时期与两次低谷时期，如图 1-2-1 所示。第一次黄金时期（1956—1974 年）：在 1956 年达特茅斯会议上，"人工智能"的概念被提出，同时出现了最初的成就和最早的一批研究者，这被广泛认为是 AI 诞生的标志，随之掀起了人工智能的第一次发展浪潮。该时期的核心是让机器具备逻辑推理能力，开发出计算机可以解决代数应用题、证明几何定理、学习和使用英语的程序，并且研发出第一款感知神经网络软件和聊天软件。

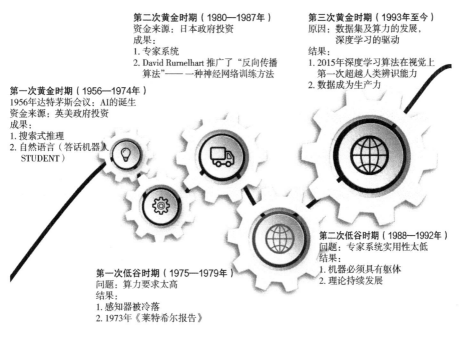

图 1-2-1 人工智能发展的高潮与低谷

第二次黄金时期（1980—1987 年）：这一时期，解决特定领域问题的专家系统——AI 程序开始被全世界的公司所采纳，AI 变得实用起来，知识库系统和知识工程成了 20 世纪 80 年代 AI 研究的主要方向。Hopfield 神经网络和反向传播（BP）算法被提出。

第三次黄金时期（1993年至今）：这一时期，计算机性能上的基础性障碍已被逐渐克服，里程碑事件有1997年的IBM的DeepBlue（深蓝）计算机战胜国际象棋世界冠军、2016年和2017年的AlphaGo击败围棋职业选手等。同时，"智能代理"范式被广泛接受，AI技术发展超越了研究人类智能的范畴；AI与数学、经济学等其他学科展开了更高层次的合作。

在奥巴马政府之前，美国并没有一个统一的国家战略来统筹人工智能领域的发展，其人工智能技术的领先地位在很大程度上归功于美国国防高级研究计划局（Defense Advanced Research Projects Agency，DARPA）建立的相对完整的研发促进机制。在很长一段时间里，美国人工智能技术的发展主要侧重于军事方面，重点是解决军事领域的具体问题。

从图1-2-2所示的专利申请量趋势，可以清晰地看到三次人工智能大爆发的痕迹，几乎均是晚于上述描述的时间一年左右；但从另一个角度来说，如果专利申请量与研发投入呈正相关关系，那么可以说，第三次人工智能的黄金时期比以往任何一次都来得迅猛。从1995年（专利申请滞后2年）年开始，专利申请量呈现线性增长，尤其是在2017年以后呈指数型增长，这和深度学习技术的突破有重大关联。

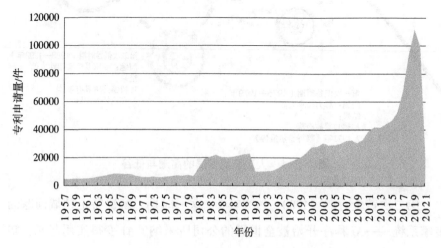

图 1-2-2 第一次浪潮后的专利申请趋势

第 2 章　人工智能整体发展现状研究

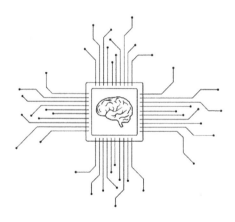

2.1　需求研究

2.1.1　传统需求

人工智能是科学技术迅速发展及新思想、新理论和新技术不断涌现的形势下产生的一个学科，涉及数学、计算机科学、哲学、认知心理学、信息论和控制论等，主要是研究如何应用计算机模拟人类某些智能行为的基本理论、方法和技术。麻省理工学院教授麦卡锡等提出，人工智能就是要让机器行为看起来像人类所表现出的智能行为①；斯坦福大学教授尼尔逊则将人工智能定义为一门怎样表示知识以及怎样获得知识并使用知识的科学；麻省理工学院教授温斯顿认为，人工智能就是研究如何使计算机去做过去只有人才能做的智能工作。随着互联网、大数据和云计算等新一代信息技术的发展，机器学习、智能控制、类脑芯片等技术的突破，以及计算机运算能力的提升，人工智能逐渐呈现出深度学习、跨界融合、人机协同、群智开放和自主操控等新特征，人工智能发展进入新阶段。

---

① MCCARTHY J, MINSKY M L, ROCHESTER N, et al. A proposal for the Dartmouth summer research project on artificial intelligence [J]. AI Magazine, 2006, 27 (4): 12-14.

新一代人工智能可定义为：一种基于新一代信息技术的发展和人类智能活动规律的研究，用于模拟、延伸和扩展人类智能，实现从计算机模拟人类智能演进到协助引导提升人类智能的交叉技术科学。当前，世界主要发达国家均把发展新一代人工智能作为提升国家竞争力和维护国家安全的重大战略，并加强了人工智能技术在国防领域的研究和应用，力图形成跨代的战略优势和战术优势。例如，2019 年 2 月 11 日，美国发布《美国人工智能倡议》（*American AI Initiative*），正式启动了"美国人工智能计划"，以维护美国人工智能技术在全球的领导地位。总体来看，新一代人工智能技术已经成为当前研究的重点和热点，并逐渐成为提升国防力量和军事能力的有效途径。探讨新一代人工智能技术在国防科技领域的发展情况，对于布局技术发展、推动技术应用和增强国防实力具有重要意义。

1. 人工智能技术保障国防科技的先进性

国防科技工业是国家安全之根本，国防科技领域人工智能技术的发展必须自主可控、安全稳定，人工智能作为事关国防科技工业未来发展的技术，其关键技术和核心基础决不能受制于人。因此，迫切需要从全局出发，加快发展稳定支撑国防科技的人工智能产业。一方面，要为国防科技工业提供自主可控的人工智能技术支撑；另一方面，应发展形成具有特色的人工智能技术服务产业，形成较为完善的人工智能产业链，支撑国防建设。

2. 人工智能技术推动国防科技的发展

由于军事装备的特殊性，现有面向民用领域的人工智能技术不能直接应用于军事装备，需要由国防工业部门牵头，集聚人工智能领域的优势力量，结合航空、航天、兵器、船舶及电子等武器装备领域的专业知识和业务流程，发展适用于国防科技领域的先进武器装备发展和装备制造能力提升的人工智能技术，保证国防科技领域人工智能技术的先进性和实用性。

2.1.2　新兴需求

随着"智能+"成为各产业发展的重要趋势，人工智能、大数据、云计算的研发应用都将成为"智能+"发展的关键，硬件和软件都是"智能+"的支撑，数据推动、场景为王、技术融合等也成为推动"智能+X"产业发展的关键词。

下面梳理了人工智能领域的重要技术进展。[①]

进展 1：OpenAI 发布全球规模最大的预训练语言模型 GPT-3

2020 年 5 月，OpenAI 发布了迄今为止全球规模最大的预训练语言模型 GPT-3。GPT-3 具有 1750 亿个参数，训练所用的数据量达到 45TB，训练费用超过 1200 万美元。对于所有任务，应用 GPT-3 无须进行任何梯度更新或微调，仅需要与模型文本交互，为其指定任务和展示少量演示即可使其完成任务。GPT-3 在许多自然语言处理数据集上均具有出色的性能，包括翻译、问答和文本填空任务，还包括一些需要即时推理或领域适应的任务等，在很多实际任务中已接近人类水平。

进展 2：DeepMind 的 AlphaFold2 破解蛋白质结构预测难题

2020 年 11 月 30 日，谷歌（Google）旗下 DeepMind 公司的 AlphaFold2 人工智能系统在第 14 届国际蛋白质结构预测竞赛（CASP）中获得桂冠，在评估中的总体中位数得分达到 92.4 分，其准确性可以与使用冷冻电子显微镜（Cryo-EM）、核磁共振或 X 射线晶体学等实验技术解析的蛋白质 3D 结构相媲美，有史以来首次把蛋白质结构预测任务做到了基本接近实用的水平。《自然》（*Nature*）杂志评论认为，AlphaFold2 算法解决了困扰生物界"50 年来的大问题"。

---

① 来源：北京智源人工智能研究院。

进展 3："深度势能"团队分子动力学研究获得"戈登·贝尔奖"

2020 年 11 月 19 日，在美国亚特兰大举行的国际超级计算大会 SC20 上，智源学者、北京应用物理与计算数学研究院王涵所在的"深度势能"团队，获得了国际高性能计算应用领域的最高奖项——"戈登·贝尔奖"。"戈登·贝尔奖"设立于 1987 年，由美国计算机协会（Association for Computing Machinery，ACM）颁发，被誉为"计算应用领域的诺贝尔奖"。该团队研究的"分子动力学"，结合了分子建模、机器学习和高性能计算相关方法，能够将第一性原理精度分子动力学模拟规模扩展到 1 亿原子，同时计算效率相比于此前人类最高水平提升 1000 倍以上，极大地提升了人类使用计算机模拟客观物理世界的能力。美国计算机协会评价道，基于深度学习的分子动力学模拟通过机器学习和大规模并行的方法，将精确的物理建模带入了更大尺度的材料模拟中，将来有望为力学、化学、材料、生物乃至工程领域解决实际问题（如大分子药物开发）发挥更大的作用。

进展 4：DeepMind 等用深度神经网络求解薛定谔方程，促进量子化学发展

薛定谔方程是量子力学领域的基本方程，即便已经被提出 70 多年，能够精确求解薛定谔方程的方法依然少之又少，多年来，科学家们一直在努力攻克这一难题。2019 年，DeepMind 开发出一种费米神经网络（Fermionic Neural Networks，FermiNet），用于近似计算薛定谔方程，为深度学习在量子化学领域的发展奠定了基础。2020 年 10 月，DeepMind 开源了 FermiNet，相关论文发表在物理学期刊 *Physical Review Research* 上。FermiNet 是人类第一次利用深度学习从第一性原理计算原子和分子能量的尝试，在精度和准确性上都符合科研标准，而且是目前在相关领域最为精准的神经网络模型。另外，2020 年 9 月，德国柏林自由大学的几位科学家也提出了一种新的深度学习波函数拟设方法，它可以获得电子薛定谔方程的近似精确解，相关研究发表在 *Nature Chemistry* 上。这类研究所展现的不仅是深度学习在解决某一特定科学问题过程中的应用，也是深度学习能在生物、化学、材料以及医药等各领域科研中被广泛应用的一个远大前景。

进展 5：美国贝勒医学院通过动态颅内电刺激实现高效率"视皮层打印机"功能

对于全球上千万盲人来说，重见光明是一个遥不可及的梦想。2020 年 5 月，美国贝勒医学院的研究者利用动态颅内电刺激技术，用植入的微电极阵列构成视觉假体，在人类初级视皮层绘制 W、S 和 Z 等字母的形状，成功地让盲人"看见"了这些字母。结合马斯克创办的脑机接口公司 Neuralink 发布的高带宽、全植入式脑机接口系统，下一代视觉假体有可能精准刺激大脑初级视皮层的每一个神经元，帮助盲人"看见"更复杂的信息，实现他们看清世界的梦想。

进展 6：清华大学首次提出类脑计算完备性概念及计算系统层次结构

2020 年 10 月，智源学者，清华大学张悠慧、李国齐、宋森团队首次提出"类脑计算完备性"概念以及软硬件去耦合的类脑计算系统层次结构，通过理论论证与原型实验证明该类系统的硬件完备性与编译可行性，扩展了类脑计算系统的应用范围，使其能支持通用计算。该研究成果发表在 2020 年 10 月 14 日的《自然》（*Nature*）期刊上。《自然》期刊评论认为，"'完备性'新概念推动了类脑计算"，对于类脑系统存在的软硬件紧耦合问题而言这是"一个突破性方案"。

进展 7：北京大学首次实现基于相变存储器的神经网络高速训练系统

2020 年 12 月，智源学者、北京大学杨玉超团队提出并实现了一种基于相变存储器（Phase-Change Memory，PCM）电导随机性的神经网络高速训练系统，有效地解决了人工神经网络训练过程中时间、能量开销巨大且难以在片上实现的问题。该系统在误差直接回传算法（DFA）的基础上进行改进，利用 PCM 电导的随机性自然地产生传播误差的随机权重，有效地降低了系统的硬件开销以及训练过程中的时间、能量消耗。该系统在大型卷积神经网络的训练过程中表现优异，为人工神经网络在终端平台上的应用以及片上训练的实现提供了新的方向。

进展 8：麻省理工学院仅用 19 个类脑神经元实现自动驾驶汽车控制

受秀丽隐杆线虫等小型动物脑的启发，来自 MIT 计算机科学与人工智能实验室（CSAIL）、维也纳工业大学、奥地利科技学院的团队仅用 19 个类脑神经元就实现了自动驾驶汽车控制，而常规的深度神经网络则需要数百万个神经元。此外，这一神经网络能够模仿学习，具有扩展到仓库的自动化机器人等应用场景的潜力。这一研究成果已发表在 2020 年 10 月 13 日的《自然》期刊子刊《自然·机器智能》（*Nature Machine Intelligence*）上。

进展 9：Google 与 Facebook 团队分别提出全新无监督表征学习算法

2020 年年初，Google 与 Facebook 分别提出 SimCLR 与 MoCo 两个算法，均能够在无标注数据上学习图像数据表征。两个算法背后的框架都是对比学习（contrastive learning）。对比学习的核心训练信号是图片的"可区分性"。模型需要区分两个输入是来自同一图片的不同视角，还是来自完全不同的两张图片的输入。这项任务不需要人类标注，因此可以使用大量无标签数据进行训练。尽管 Google 和 Facebook 的两个团队对很多训练的细节问题进行了不同的处理，但它们都表明，无监督学习模型可以接近甚至达到有监督模型的效果。

进展 10：康奈尔大学提出的无偏公平排序模型可解决检索排名的马太效应问题

近年来，检索的公平性和基于反事实学习的检索与推荐模型已经成为信息检索领域重要的研究方向，相关的研究成果已被广泛应用于点击数据纠偏、模型离线评价等方面，部分技术已经落地于阿里巴巴和华为等公司的推荐及搜索产品中。

2020 年 7 月，康奈尔大学的托尔斯坦·乔基姆（Thorsten Joachims）教授团队发表了公平无偏的排序学习模型 FairCo，一举夺得了国际信息检索领域顶级会议 SIGIR 2020 最佳论文奖。该研究分析了当前排序模型普遍存在的位置偏差、排序公平性以及物品曝光的马太效应等问题，基于反事实学习技术提出了具有共性约束的相关度无偏估计方法，并实现了排序性能的提升。

2.2　行业研究

2.2.1　经济层面

2.2.1.1　市场规模

人工智能是引领未来的战略性技术，正在对经济发展、社会进步和人类生活产生深远的影响。各个国家均在战略层面予以高度关注，相关科研机构大量涌现，科技巨头大力布局，新兴企业迅速崛起。人工智能技术被广泛应用于各行各业，展现出可观的商业价值和巨大的发展潜力。

由于经济转型升级的智能化需求，我国人工智能科技产业取得了重要进展。人工智能和实体经济深度融合的加速发展，将掀起新一轮科技创新浪潮，不仅推动中国经济的转型升级，而且为全球创新网络的重塑奠定基础。经过多年的持续积累，我国人工智能理论和技术日益成熟，应用范围不断扩大，相应的商业模式也在持续演进。

从 2016 年开始，我国人工智能产业进入市场爆发阶段，持续保持较高的市场增长率。2020 年，人工智能企业开始加快落地应用探索，基础层、技术层企业开始向应用层下游渗透，人工智能相关应用产品更加丰富，对于不同的应用场景，人工智能企业能够提供更全面的综合智能化解决方案。2023

年，中国人工智能核心产业规模达到 5000 亿元。① 目前，人工智能正在与实体经济中的各行各业快速融合，助力产业转型升级、提质增效。

例如，杭州以人工智能小镇等为核心，打造高端人工智能产业集群。在产业集群发展方面，杭州以杭州高新技术产业开发区、中国（杭州）人工智能小镇为核心，建设萧山信息港、萧山机器人小镇等多个人工智能特色小镇，优化全市人工智能产业结构布局，实现有序竞争、错位发展。

《2023 年浙江省人工智能产业发展报告》显示，2022 年浙江省纳入人工智能产业统计目录的企业共有 1630 家，实现总营业收入 5242.83 亿元，同比增长 8.4%；利润总额 982.13 亿元，同比增长 84.6%；研发费用 415.57 亿元，同比增长 10.1%，占营业收入比重 7.9%。同时，产学研创新生态圈已经形成。浙江大学建设了国内首个人工智能交叉学科，启动了脑科学与人工智能会聚研究计划（"双脑计划"），阿里巴巴城市大脑、海康威视入选国家新一代人工智能开放创新平台等。

2.2.1.2 企业数量

随着人工智能产业的快速发展，我国人工智能企业数量不断增加，位居全球第二。截至 2023 年年底，我国人工智能相关企业数量达到 12252 家，核心企业数量超过 4400 家，核心产业规模接近 5800 亿元。②

从全国范围来看，京津冀、江浙沪、粤港澳三大区域占据了全国人工智能企业数量的 80% 以上，成为我国发展人工智能的重要引擎。以北京、上海、深圳为代表的一线城市具有人才数量众多、科研技术实力雄厚、应用场景创新丰富、产业集群效应明显等优势，其人工智能企业数量领跑全国。目前，北京、上海、深圳拥有人工智能企业数量超过 6000 家，是我国人工智能行业发展实力名副其实的前三城市。

---

① 2023 人工智能发展白皮书 [R]. 深圳市人工智能协会，2023.
② 中国人工智能核心产业规模接近 5800 亿元 [N]. 2024-03-22 [05].

杭州市人工智能企业数量不断增加。截至 2023 年年底，杭州市聚集了近 900 家人工智能相关企业，人工智能相关企业数量位居全国第四。就产业链分布而言，22.69% 的企业布局在人工智能基础层，重点聚焦在大数据领域，代表企业有同盾科技、观远数据、览众数据、视在科技等；20.37% 的企业布局在人工智能技术层，主要集中在计算机视觉领域，代表企业包括捷尚视觉科技、当虹科技、华睿科技、蓝芯科技等；56.94% 的企业布局在人工智能应用层，重点聚焦在智能机器人、智能医疗、智能终端、公共安全等领域，代表企业有海康机器人、国自机器人、海康威视、大华股份等。

2.2.1.3　投融资情况

近年来，随着人工智能技术的不断成熟和应用场景的扩展落地，人工智能领域资本市场十分活跃。如图 2-2-1 所示，2016—2018 年在投融资数量及投融资金额上呈现持续增长态势，投融资金额在 2018 年迎来大爆发，中国人工智能行业投融资件数以及投融资金额均实现爆发式增长。2019 年，受宏观经济影响，资本市场整体遇冷，投融资增长势头有所放缓。2020 年，人工智能技术在新冠病毒感染疫情防控和复工复产中发挥了重要作用，资本市场对人工智能投资升温。2020 年，我国人工智能行业投融资金额突破 800 亿元，投融资事件数量近 500 件。从投资领域来看，基础技术层面的大数据、物联网、计算机视觉依然是受资本青睐的领域；另外，在应用层面，人工智能在医疗、教育、制造等领域加速应用，吸引了众多投资机构的关注。

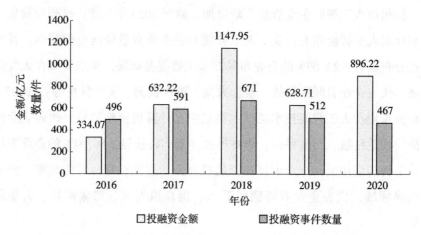

图 2-2-1　中国人工智能产业 2016—2020 年投融资数据

　　杭州市人工智能行业投融资同样呈现先增后降的发展趋势，如图 2-2-2 所示。2018 年，杭州市人工智能行业投融资金额与事件数量均达到近年来的峰值，投融资金额为 48.89 亿元，投融资事件数量达到 52 件。2019 年受国内行业大环境的影响，杭州市人工智能行业投融资金额与数量均出现较大幅度的下降。2020 年，杭州市人工智能行业投融资金额较 2019 年稍有增长，为 32.94 亿元，投融资事件为 33 件。

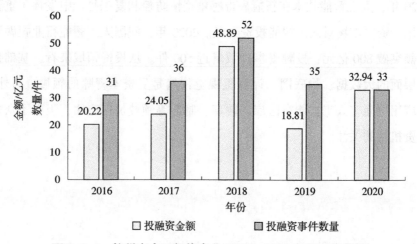

图 2-2-2　杭州市人工智能产业 2016—2020 年投融资数据

2.2.1.4　从业人员

人工智能行业从业人员数量逐渐增加，但人才仍然缺乏。就从业人员数量来看，我国人工智能相关领域从业人员超过 60 万人；就人工智能人才城市分布而言，北京、上海、深圳、杭州作为国内一线城市，聚集了全国八成以上的人工智能人才。其中，尤其以北京、深圳为甚，吸引了全国近六成的人工智能人才。

相比之下，其他地区的人才较为匮乏。当前，随着人工智能行业的迅速壮大，人工智能领域人才需求激增，人才困境日益凸显。人才，尤其是高水平人才的匮乏，正成为制约当前我国人工智能行业快速发展的瓶颈之一。

2.2.2　联盟层面

2.2.2.1　产业联盟

为了加快推动我国人工智能产业发展，搭建人工智能产业发展公共服务平台，提升产业发展能力与应用水平，我国先后成立了多个人工智能产业联盟、人工智能产业发展联盟。其中，比较具有代表性的有中国人工智能产业发展联盟、人工智能产业技术创新战略联盟等。

1. 中国人工智能产业发展联盟

在国家发展和改革委员会、科学技术部、工业和信息化部、中央网信办等部门的共同指导下，中国信息通信研究院牵头会同相关单位，共同发起成立了中国人工智能产业发展联盟（AIIA）。AIIA 着力聚集产业生态各方力量，联合开展人工智能技术、标准和产业研究，共同探索人工智能的新模式和新机制，推进技术、产业与应用研发，开展试点示范，广泛开展国际合作，形成全球化的合作平台。

AIIA 发布了多项研究成果，先后主办、承办多次会议、高峰论坛，组织开展了"AIIA 杯"人工智能巡回赛，征集并公布人工智能技术与应用案例等，为政府决策、产业发展提供支撑。

2. 人工智能产业技术创新战略联盟

由北京大学、中关村视听产业技术创新联盟等联合倡议，在科学技术部试点联盟——数字音视频编解码（AVS）产业技术创新战略联盟的基础上，正式成立新一代人工智能产业技术创新战略联盟。

联盟发起成员单位包括百度、阿里巴巴、腾讯、华为、中兴、京东集团、传化集团、科大讯飞、联想、海尔、商汤科技、地平线机器人、雷锋网等企业，北京大学、清华大学、浙江大学、北京航空航天大学、西安交通大学、中国科学技术大学、中国科学院计算技术研究所等高校、科研院所，以及深行资本、将门投资等投资机构。

3. 浙江省人工智能产业技术联盟

浙江省人工智能产业技术联盟在浙江省经济和信息化厅的指导下，于 2020 年 12 月在萧山机器人博展中心成立，下设理事会、秘书处。联盟由之江实验室牵头，联合浙江省人工智能相关领域龙头企业、科研机构、高校、社会团体等共同发起，为全省搭建起人工智能产业技术发展的大平台，加大对外合作与交流，共同推动新一代人工智能与实体经济深度融合发展。

联盟成立仪式后，举办了以医疗人工智能应用为主题的交流会，聚焦浙江省富有创新活力的医疗人工智能领域，邀请优秀的医疗人工智能医院及企业代表，充分展示了医疗人工智能的创新应用成果。

2.2.2.2 知识产权联盟

2020 年 9 月 29 日，由浙江省知识产权保护中心主办的浙江省人工智能产业知识产权联盟在杭州未来科技城正式落地，其是浙江省内第一家聚焦人工智能产业的知识产权联盟。联盟成员单位包括浙江大学、蚂蚁科技集团股份有限公司（支付宝）等 43 家单位，涵盖了人工智能产业企业、高校、科研机构等，阵容相当强大。

浙江省正在积极布局人工智能产业发展，打造全国领先的人工智能产业发展高地。知识产权联盟将有助于未来科技城开展知识产权相关工作，加深企业与园区间的合作和资源共享，抱团前行，在人工智能产业方向走得更远。

2.2.3　标准层面

标准化工作对人工智能及其产业发展具有基础性、支撑性、引领性的作用，既是推动人工智能行业创新发展的关键抓手，也是产业竞争的制高点。在人工智能产业快速发展的阶段，我国应加速推进人工智能标准化进程。

为了加强人工智能领域标准化顶层设计，推动人工智能技术研发和标准制定，促进产业健康、可持续发展，国家标准化管理委员会、中央网信办、国家发展改革委、科学技术部、工业和信息化部五部门于 2020 年 8 月印发《国家新一代人工智能标准体系建设指南》，提出了国家新一代人工智能标准体系总体要求、建设思路、建设内容等。人工智能标准体系结构主要包括"A　基础共性""B　支撑技术与产品""C　基础软硬件平台""D　关键通用技术""E　关键领域技术""F　产品与服务""G　行业应用""H　安全/伦理"八个部分。

当前，我国出台了诸多与人工智能相关的国家标准和行业标准，涵盖了云计算、人脸识别、指纹识别、智能语音、工业机器人等领域，见表 2-2-1。

表 2-2-1　中国人工智能产业国家标准与行业标准

标准类型	标准名称	标准号	发布时间
国家标准	《信息安全技术　远程人脸识别系统技术要求》	GB/T 38671—2020	2020-04-28
	《信息技术　云计算　云服务质量评价指标》	GB/T 37738—2019	2019-08-30
	《信息技术　生物特征识别指纹识别设备通用规范》	GB/T 37742—2019	2019-08-30
	《公共安全　人脸识别应用图像技术要求》	GB/T 35678—2017	2017-12-29
	《中文语音识别终端服务接口规范》	GB/T 35312—2017	2017-12-29
行业标准	《基于云计算的公共安全视频监控平台服务规范》	T/WHAF 002—2020	2020-12-30
	《移动通信智能终端漏洞验证方法》	YD/T 3782—2020	2020-12-09
	《工业机器人热成型模锻智能装备》	T/CISA 070—2020	2020-11-23
	《大数据　数据挖掘平台技术要求与测试方法》	YD/T 3762—2020	2020-08-31
	《智慧城市数据开放共享的总体架构》	YD/T 3533—2019	2019-11-11
	《人机交互技术规范》	T/CVIA 32—2014	2014-01-10

　　近年来，杭州非常重视人工智能相关产业标准的制定与实施，稳步推进标准实施，标准创新体系进一步完善。在人工智能方面，重点推进智慧政务应用服务体系建设；充分利用大数据、云计算、物联网、人工智能等信息化技术，完善城市智慧管理服务，提升城市运行效率，全面实现网上办公和互动交流；制定智慧政务服务标准体系，打造开放、共享的支撑服务平台，促进部门及行业间信息互联互通、融合共享；加快智能制造的步

伐，围绕重点产业和前沿产业，开展智能制造领域标准化试点示范；加强智能纺织装备、智能物流、智能电网等领域标准实施，带动智能制造整体水平提升。针对转型升级迫切、低端用工集中的产业，探索开展"机器换人"标准化工作，具体见表 2-2-2。

表 2-2-2　杭州市人工智能产业相关标准

标准名称	标准号	发布时间
《智能信包箱通用技术规范》	DB33/T 2309—2021	2021-02-01
《智能化旅游厕所建设与管理导则》	DB3301/T 0248—2018	2018-11-10
《智能配电网抢修指挥管理与服务规范》	DB3301/T 0179—2018	2018-06-20
《智能化技术改造评价规范》	DB3304/T 024—2018	2018-05-10

2.3　人才研究

2.3.1　论文奖项人才分析

发表论文是科技工作者公布其科研成果的一种途径，论文能够在一定程度上体现科技工作者的研究水平。权威机构设立的奖项，通常用于奖励在某方面能力突出的人才。以下选取几个具有代表性的论文收录平台对论文作者进行简单分析，并选取几个与人工智能相关的奖项对获奖者进行简单介绍。

2.3.1.1　论文作者

1. 中国知网

根据设定的与人工智能相关的关键词，通过中国知网（https://www.cnki.net）进行中文文献检索（检索时间为 2021 年 12 月），统计检索结果中的作者。根据作者发表的与人工智能相关的论文篇数进行排名。由图2-3-1 可以看出，与人工智能相关的论文主要由来自高校的作者贡献，其中，湖南大学的王耀南以 176 篇论文排名第一，北京工业大学的乔俊飞以 144 篇论文排名第二，南京理工大学的杨静宇以 123 篇论文排名第三。

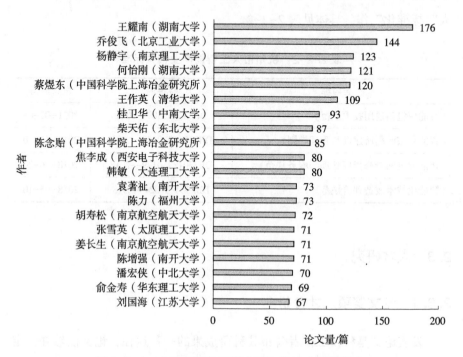

图 2-3-1 中国知网收录的人工智能论文数量排名

2. SCI

选取科学引文索引（SCI）中与人工智能相关的部分期刊，统计论文作者及其发表论文篇数和论文被引用次数（检索时间为 2021 年 12 月），如图 2-3-2 所示。以作者发表的与人工智能相关的论文篇数排名、一次引用次数排名、二次引用次数排名进行加权计算（权重依次为 0.5、0.4、0.1），根据加权计算结果进行排名。

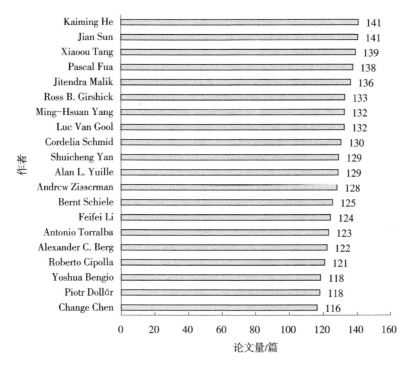

图 2-3-2　SCI 中部分人工智能期刊论文作者排名

3. IEEE

选取美国电气电子工程师协会（IEEE）中与人工智能相关的部分期刊，统计论文作者及其发表论文篇数和论文被引用次数，如图 2-3-3 所示。以作者发表的与人工智能相关的论文篇数排名、一次引用次数排名、二次引用次数排名进行加权计算（权重依次为 0.5、0.4、0.1），根据加权计算结果进行排名。

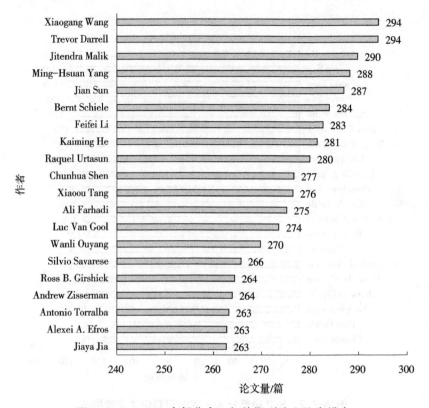

图 2-3-3　IEEE 中部分人工智能期刊论文作者排名

2.3.1.2　奖项

1. WAIC 云帆奖

WAIC 云帆奖由世界人工智能大会（WAIC）组委会于 2020 年发起，由 WAIC 云帆奖评审委员会评审，机器之心、AI 青年科学家联盟负责奖项的评选活动开展，兼顾专业性、权威性和人才激励，是全球首个针对人工智能青年技术人才的奖项。如表 2-3-1 所示，WAIC 云帆奖分为"璀璨明星"与"明日之星"两大榜单。其中，璀璨明星着重从学术影响力、开发实力等角度进行评估，评选出 AI 社区 35 岁以下已取得卓越成就且具有较强业内影响力的杰出技术人才，计划评选出 10 位获奖者；明日之星意在挖掘 30 岁以下有极强发展潜力的杰出技术人才，以竞赛获奖、论文发表、开发项目参与经历等为评价指标，计划评选出 10 位获奖者。

表 2-3-1　WAIC 2020 云帆奖得主

奖项	姓名	单位或职位
璀璨明星	李沐	亚马逊云计算服务平台（AWS）主任科学家
	韩松	麻省理工学院电子工程和计算机科学系助理教授
	朱俊彦	卡内基梅隆大学助理教授
	黄高	清华大学自动化系助理教授
	王威廉	加州大学圣塔芭芭拉分校计算机科学系助理教授
	陈丹琦	普林斯顿大学助理教授
	田忠博	旷视研究院 AI 系统高级技术总监
	陈雨强	第四范式联合创始人、首席研究科学家
	周博磊	香港中文大学信息工程系助理教授
	罗宇男	伊利诺伊大学香槟分校
明日之星	赵明民	麻省理工学院
	李永露	上海交通大学
	孙立婷	加州大学伯克利分校
	齐鹏	斯坦福大学
	吴尚哲	牛津大学
	梁俊卫	卡内基梅隆大学
	赵恒爽	香港中文大学
	姚鹏	清华大学
	王德泉	加州大学伯克利分校
	淦创	IBM 全球研究院

2. 吴文俊人工智能科学技术奖

吴文俊人工智能科学技术奖于 2011 年 1 月 6 日由中国人工智能学会发起，依托社会力量捐资，并经科学技术部核准、国家科学技术奖励工作办公室公告（国科奖社证字第 0218 号）正式设立。吴文俊人工智能科学技术奖设有人工智能最高成就奖、人工智能杰出贡献奖和人工智能优秀青年奖，奖励个人，且不设等级。表 2-3-2 展示了 2018—2020 年吴文俊人工

智能科学技术奖个人得主，其中包括 2018 年最高成就奖得主陆汝钤、2019
年最高成就奖得主张钹、2020 年最高成就奖得主李德毅等人。

表 2-3-2 2018—2020 年吴文俊人工智能科学技术奖个人得主

年份	最高成就奖	杰出贡献奖	优秀青年奖
2020	李德毅（中国人民解放军军事科学院系统工程研究院）	周伯文（京东集团） 蒋田仔（中国科学院自动化研究所） 焦李成（西安电子科技大学智能感知与图像理解教育部重点实验室）	张宁（清华大学） 顾锞（北京工业大学） 张萌（西安交通大学） 严骏驰（上海交通大学） 张煦尧（中国科学院自动化研究所） 王珊珊（中国科学院深圳先进技术研究院） 赵鑫（中国人民大学） 郭晓杰（天津大学） 杜子东（中国科学院计算技术研究所） 袁源（西北工业大学） 江俊君（哈尔滨工业大学） 李冠彬（中山大学） 张通（华南理工大学） 高智凡（中山大学） 杜军（清华大学） 张铭津（西安电子科技大学）
2019	张钹（清华大学计算机科学与技术系）	杨强（深圳前海微众银行股份有限公司） 肖京［中国平安保险（集团）股份有限公司］ 高小山（中国科学院数学与系统科学研究院）	黄高（清华大学） 王鼎（北京工业大学） 孙宁（南开大学） 董琦（中国电子科技集团公司电子科学研究院） 姚权铭（香港科技大学） 史颖欢（南京大学） 曾湘祥（湖南大学） 宫辰（南京理工大学） 梁小丹（中山大学） 程志勇（山东省计算中心） 马佳义（武汉大学） 张丹（浙江工业大学） 连宙辉（北京大学） 郭裕兰（中国人民解放军国防科技大学）

年份	最高成就奖	杰出贡献奖	优秀青年奖
2018	陆汝钤（中国科学院数学与系统科学研究院应用数学研究所）	王海峰（北京百度网讯科技有限公司）	高卫峰（西安电子科技大学） 瞿博阳（中原工学院） 许倩倩（中国科学院计算技术研究所） 刘贤明（哈尔滨工业大学） 穆朝絮（天津大学） 姚信威（浙江工业大学） 刘偲（中国科学院信息工程研究所） 丁国如（中国人民解放军陆军工程大学） 李泽超（南京理工大学） 王伟（中国科学院自动化研究所） 董希旺（北京航空航天大学）

3. AAAI 经典论文奖

AAAI 经典论文奖（AAAI Classic Paper Award）是由美国人工智能协会（AAAI）主办的多个奖项之一，旨在表彰从特定会议年度中选出的被认为最具影响力的论文的作者，见表 2-3-3。

表 2-3-3　2019—2021 年 AAAI 经典论文奖得主

年份	AAAI 经典论文奖得主
2021	Diego Calvanese, Giuseppe De Giacomo, Domenico Lembo, Maurizio Lenzerini, Riccardo Rosati
2020	Ulrich Junker
2019	Prem Melville, Raymond J. Mooney, Ramadass Nagarajan

4. 图灵奖

图灵奖全称为 A. M. 图灵奖（ACM A. M. Turing Award），是由美国计算机协会（ACM）于 1966 年设立的计算机奖项，名称取自艾伦·M. 图灵（Alan M. Turing），旨在奖励对计算机事业做出重要贡献的个人。如表 2-3-4 所示，该奖项分别在 1969 年、1971 年、1975 年、1994 年、2011 年、2018 年被颁发给人工智能领域的研究者。

表 2-3-4　图灵奖中人工智能领域得主

年份	姓名	贡献领域/获奖理由
2018	Yoshua Bengio，Geoffrey Hinton，Yann LeCun	在人工智能深度学习方面的贡献
2011	Judea Pearl	人工智能
1994	Edward Feigenbaum，Raj Reddy	大规模人工智能系统
1975	Allen Newell，Herbert A. Simon	人工智能
1971	John McCarthy	人工智能
1969	Marvin Minsky	人工智能

2.3.1.3　部分论文作者或奖项得主介绍

1. 王耀南

王耀南（Yaonan Wang），中国工程院院士，机器人技术与智能控制专家，湖南大学教授、博士生导师，现任机器人视觉感知与控制技术国家工程实验室主任；任中国自动化学会会士、中国计算机学会会士、中国人工智能学会会士、中国图象图形学学会理事长、全国智能机器人创新联盟副理事长、中国自动化学会常务理事、中国人工智能学会监事、教育部科技委人工智能与区块链技术专门委员会委员、湖南省自动化学会理事长等；曾任国家"863 计划"智能机器人领域主题专家、欧盟第五框架国际合作重大项目首席科学家，入选德国洪堡学者。王耀南长期从事机器人感知与控制技术及工程应用研究和教学科研工作。

2. 何恺明

何恺明（Kaiming He），现为 Facebook AI Research（FAIR）的科学家，曾在微软亚洲研究院（MSRA）工作，是 2018 年 PAMI 青年研究者奖、CVPR 2009 最佳论文奖、CVPR 2016 最佳论文奖、ICCV 2017 最佳学生论文奖、ECCV 2018 最佳论文荣誉奖、CVPR 2021 最佳论文奖的获得者。何恺明主要研究计算机视觉和深度学习。

3. 王晓刚

王晓刚（Xiaogang Wang），现任商汤研究院院长、香港中文大学电子工程系副教授，担任 2011 年和 2015 年 IEEE 国际计算机视觉会议（IC-CV）、2014 年和 2016 年欧洲计算机视觉会议（ECCV）、2014 年和 2016 年亚洲计算机视觉会议（ACCV）的领域主席。王晓刚的研究兴趣包括深度学习和计算机视觉。

4. 李德毅

李德毅（Deyi Li），中国工程院院士，国际欧亚科学院院士，北京联合大学机器人学院院长，中国人工智能学会理事长，中国云计算专家委员会主任，中国电子学会副理事长，总参第 61 研究所研究员、副所长；长期从事计算机工程、不确定性人工智能、大数据和智能驾驶领域研究，最早提出"控制流—数据流"图对理论，证明了关系数据库模式和谓词逻辑的对等性，获得 IEEE 期刊年度最佳论文奖；提出云模型、云变换、数据场等认知形式化理论，用于解决定性概念生成、相似度计算、不确定推理、智能控制等问题，成功控制三级倒立摆各种动平衡的姿态，获得世界自动控制联合会杰出论文奖。

5. 约书亚·本吉奥

约书亚·本吉奥（Yoshua Bengio），蒙特利尔大学终身教授，蒙特利尔大学机器学习研究所（MILA）负责人，加拿大统计学习算法学会主席；研究工作主要聚焦在高级机器学习方面，致力于用其解决人工智能问题，也研究深度学习。

2.3.2　专利发明人才分析

许多国家的专利制度都采用先申请制，所以重视知识产权保护的技术创新者一般会在申请专利后发表论文或通过其他途径公布其技术，多数新技术会优先在专利文献中公开。公开的专利文献一般会记载专利技术的发明人。

通过智慧芽专利检索系统，检索与人工智能相关的专利文献（检索时间为 2020 年 12 月），并对检索结果中的发明人进行统计和分析。

2.3.2.1 第一发明人

检索世界五大专利局（中国、美国、日本、韩国、欧洲）与人工智能相关的已授权的发明专利，统计其中的第一发明人，按照第一发明人署名的发明专利件数进行排名。由图 2-3-4 可以看出，在人工智能领域较为活跃的中国发明人多数就职于各大高校、OPPO 广东移动通信有限公司、小米科技有限责任公司等，来自东南大学的韩玉林以 203 件授权发明专利排名第一，来自 OPPO 广东移动通信有限公司的张海平、陈岩分别以 149 件、116 件授权发明专利排名第二和第三。

1. 中国专利局

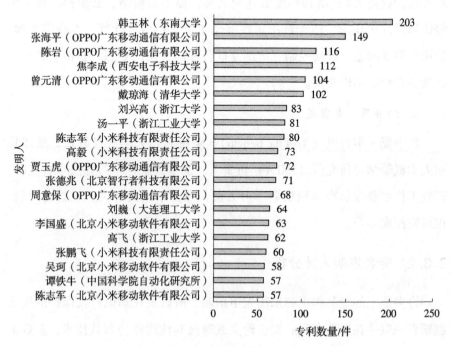

图 2-3-4　中国国家知识产权局发明专利第一发明人排名

2. 美国专利局

由图 2-3-5 可以看出，在美国专利局，在人工智能领域较为活跃的发明人主要来自企业，而且集中在国际商业机器公司（IBM）和美国国际电话电报（AT&T）知识产权一部有限合伙公司，来自 AT&T 知识产权一部有限合伙公司的 Paul Shala Henry 以 117 件授权发明专利排名第一，来自斯特拉德视觉公司的 Kye-Hyeon Kim 以 114 件授权发明专利排名第二，来自国际商业机器公司的 Corville O. Allen 以 109 件授权发明专利排名第三。

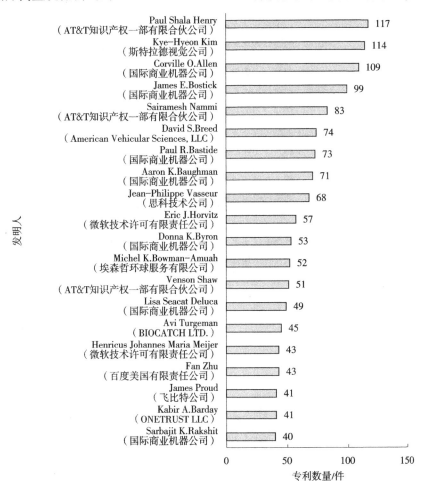

图 2-3-5　美国专利局发明专利第一发明人排名

3. 日本专利局

由图2-3-6可以看出，在人工智能领域较为活跃的日本发明人所在机构较为分散，村田真树、甲斐绚介、得地贤吾分别以31件、28件、25件授权发明专利排名前三，他们分别来自独立行政法人情报通信研究机构、三菱物捷仕株式会社、富士施乐株式会社。

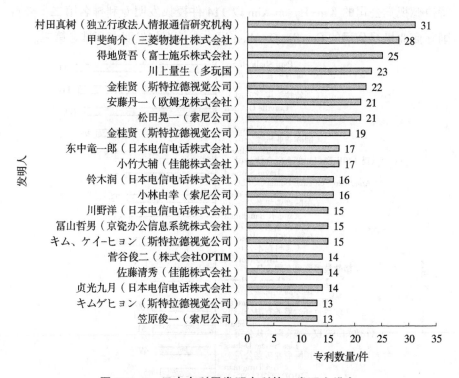

图2-3-6 日本专利局发明专利第一发明人排名

4. 韩国专利局

由图2-3-7可以看出，在人工智能领域较为活跃的韩国发明人主要来自高校，东国大学校产学协力团的박강령、韩国科学技术院的노용만和浦项工科大学校产学协力团的이근배排名前三，授权发明专利数量分别为27件、13件和12件。

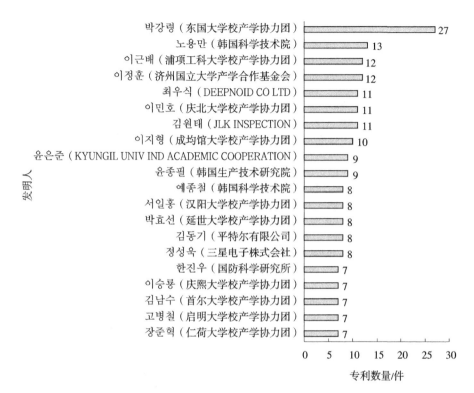

图 2-3-7　韩国专利局发明专利第一发明人排名

5. 欧洲专利局

由图 2-3-8 可以看出，在欧洲专利局，第一发明人所在机构较为分散，来自百度美国有限责任公司的 Fan Zhu（朱帆）以 21 件授权发明专利排名第一，来自思科技术公司的 Jean-Philippe Vasseur 和来自索尼公司的 Shunichi Kasahara 以 16 件授权发明专利并列第二。

图 2-3-8　欧洲专利局发明专利第一发明人排名

2.3.2.2　部分发明人介绍

1. 焦李成

焦李成，IEEE 高级会员、中国人工智能学会常务理事、中国神经网络专业委员会委员、中国计算机学会人工智能与模式识别专业委员会委员、中国运筹学会智能计算分会委员会副主任、国家"863"计算智能计算机软科学战略组成员，担任过 1993 年中国神经网络大会程序委员会主席、2003 第五届计算智能和多媒体应用国际会议组织委员会主席、2006 年第二届自然计算国际会议组织委员会主席、2006 年第三届模糊系统与知识发现国际会议组织委员会主席。

焦李成的主要研究方向是智能感知与计算、图像理解与目标识别、深度学习与类脑计算，其署名的人工智能相关专利文献超过 500 篇。

2. 戴琼海

戴琼海，中国工程院院士、北京信息科学与技术国家研究中心主任、清华大学信息科学与技术学院院长、清华大学脑与认知科学研究院院长、中国人工智能学会理事长；2005 年获得国家杰出青年科学基金资助，2010 年担任 973 计划项目首席科学家，2014 年入选国家"新世纪百千万人才工程"，2017 年获全国创新争先奖；2016 年获国家科技进步二等奖，2012 年获国家技术发明一等奖，2008 年获国家技术发明二等奖。

戴琼海长期致力于立体视觉、计算摄像学和人工智能等领域的基础理论与关键技术创新，近年来主要从事国际交叉前沿——脑科学与新一代人工智能理论的研究，包括多维多尺度计算摄像仪器，光电认知计算的理论架构、算法与芯片等。

3. Corville O. Allen

Corville O. Allen 是国际商业机器公司的发明大师，是 IBM 沃森（Watson）计算系统的领先创新者；曾获 2013 年 IBM RTP 技术认可奖、2014 年度和 2015 年度北卡罗来纳州发明家奖。

2.3.3　人才薪酬及预期

在多个招聘网站以"人工智能"为关键词进行检索（检索日期为 2020 年 12 月），收集招聘网站中有关人工智能的招聘信息，对招聘信息的内容进行分析。

2.3.3.1　在招岗位名称词频

利用词频分析工具对招聘信息中的岗位名称进行分析，以词频为权重，制成词云图。由图 2-3-9 可以看出，在岗位名称中，除"AI"和"人工智能"外，"工程师""产品""高级""专家""开发"等的词频较高。

图 2-3-9　招聘信息中岗位名称的词频

2.3.3.2　在招岗位学历要求

对招聘信息中的最低学历要求进行统计,制成雷达图。由图 2-3-10 可以看出,目前人工智能的相关在招岗位一般要求应聘者具备本科或硕士研究生学历。

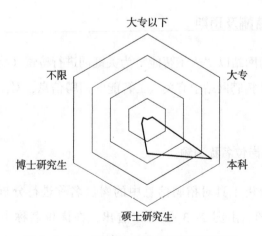

图 2-3-10　招聘信息中的最低学历要求

2.3.3.3　在招岗位工作经验要求

对招聘信息中的工作经验要求进行统计，制成环形图。由图 2-3-11 可以看出，16% 的在招岗位要求应聘者具有 1~3 年工作经验，27% 的在招岗位要求应聘者具有 3~5 年工作经验，22% 的在招岗位要求应聘者具有 5~10 年工作经验，24% 的在招岗位对应聘者的工作经验不做要求。

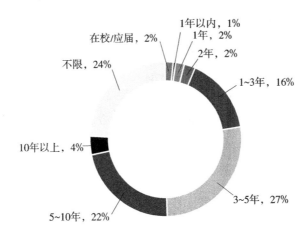

图 2-3-11　招聘信息中的经验要求

2.3.3.4　在招岗位薪资下限区间

对招聘信息中的每月薪资进行统计，取薪资下限并按 5k（1k = 1000 元）的间隔划分区间，按照不同城市的落入区间内的岗位数量制图。由图 2-3-12 可以看出，薪资下限落在 15k~25k 范围内的岗位数量较多。在北京、上海、深圳，也不乏 30k 以上的岗位。

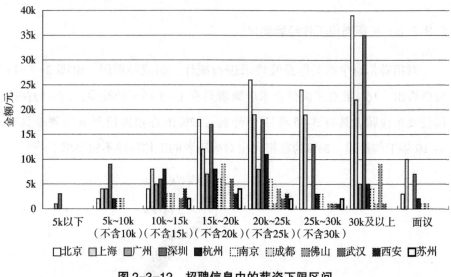

图 2-3-12　招聘信息中的薪资下限区间

2.3.3.5　人工智能专业

2019 年 3 月 21 日,教育部批准了 35 所高校新增人工智能本科专业,这是我国首次设立人工智能专业。2020 年 2 月 21 日,教育部批准了 180 所高校新增人工智能本科专业。2021 年 2 月 10 日,教育部批准了 130 所高校新增人工智能本科专业,开设人工智能本科专业的高校总数达到 345 所。

由于最早一批人工智能本科专业的毕业生将在 2023 年毕业,目前企业主要招聘计算机、通信、自动化、数学、软件工程等相关专业的人员从事人工智能相关职位的工作。

2.4　技术研究

软硬件是人工智能产业的核心技术,影响着人工智能产业的深层次发展,同时也是未来我国角逐于人工智能时代的关键因素。本节将以人工智能核心软硬件技术的现状为基础，从技术、产业和政策等方面总结当前我国人工智能核心软硬件自主发展面临的挑战，梳理未来人工智能核心软硬件的研发热点，为未来科技城人工智能产业指明发展方向并提出政策建议。

2.4.1　硬件研究热点

在人工智能核心硬件方面，全球整体水平处于技术和市场成熟的早期阶段，逐步从通用型向定制化、专用化方向发展，从使用通用中央处理器（CPU）、图形处理器（GPU）转向定制研发人工智能芯片，产品主要涵盖云训练、云推理和终端推理三个领域。

在云端，通用图形处理器被广泛应用于神经网络训练和推理；张量处理单元等定制人工智能芯片使用专用架构实现了后期中央处理器和通用图形处理器更高的效率；现场可编辑逻辑门阵列在云端推理应用中也占有一席之地，具有支持大规模并行、推理延时短、可变精度等特点。在边缘计算领域，智能手机是目前应用最为广泛的边缘计算设备之一，自动驾驶是未来边缘人工智能计算的重要应用之一，为此，推理计算能力、功耗和成本是应用于边缘设备人工智能芯片关注的主要因素。

目前，云端和边缘设备在各种人工智能应用中通常是配合工作的，随着边缘设备的能力不断增强，越来越多的计算工作负载将在边缘设备上执行。未来，面向推理、训练、感知、认知等多种智能计算需求，缩小与世界先进水平之间的差距，人工智能芯片研发、智能感知设备设计、基于新型使能技术的智能硬件、智能计算系统评测与服务等关键技术将成为人工智能核心硬件的研发热点。

2.4.2　软件研究热点

在人工智能核心软件方面，智能计算框架软件呈现出龙头企业激烈竞争的发展趋势，并以支持将深度学习作为核心向支持广泛人工智能领域扩展。同时，人工智能系统软件编译技术得到迅速发展，人工智能模型算法的通用、易用与可移植水平也不断提高，在工业界和学术界涌现出许多优秀的深度学习专用编译器，用于解决不同上层应用在使用不同底层硬件计算芯片时的兼容问题，实现从单纯依赖定制基础库转变为与深度学习编译器协同发展。智能计算基础库为智能硬件提供智能计算基础算法加速库，逐渐成为智能硬件厂商的"标配"，目前已有多家企业推出了智能计算基础库。

为了满足智能计算生态长远、稳定的发展需求，减少对国外开源深度学习框架的依赖，在垂直领域取得突破并具备领先优势，智能计算基础软件、智能基础算法库、智能软硬件协同技术、创新智能理论研究等关键技术将成为人工智能核心软件的研发热点。

2.4.3　开源项目

开源软件对人工智能的发展来说至关重要，开源平台的发展可以让企业获得更多的创新力量，开源软件与人工智能的深度融合，是全球人工智能产业呈现快速发展态势的主要驱动因素。开源既能够提高人工智能的研发收益，也能加速人工智能技术创新，还能够促进人工智能生态构建。因此，科技巨头都着眼于构建具有活力的开源社区，以便拓展自身的开源生态圈。2015 年，谷歌推出了其开源框架解决方案 TensorFlow，Facebook 推出了 Caffe2 框架，知名开源社区 GitHub 上已经聚集了 6500 多万名开发者、300 多万家公司和机构，汇集了超过 2 亿的代码库，其中人工智能项目占比很高，人工智能代码开源已成为主要发展趋势之一。

近年来，我国自主研发的开源深度学习框架、开源工具集、开源应用软件、开源社区快速发展，在国际人工智能开源社区中的贡献度仅次于美国。目前，我国已构建了 OpenAI 启智平台、之江天枢人工智能开源平台等项目，为人工智能行业的发展提供新的动力。在智能计算框架软件方面，我国多家企业和研究机构推出智能框架软件并基本开源，推动了我国智能基础软件的发展，但大部分企业对国外开源深度学习框架的依赖程度较高，使国产产品发展受阻，未形成协同联动的完整产业生态体系，难以构建价值闭环。

　　未来，人工智能开源软件需要不断加强智能化与自动化的推进，扩大数据的开放以及不断提升技术成熟度，以促使人工智能技术的应用更加便捷和广泛，推动人工智能产业良性发展。此外，还需要加强技术积累，积极参与开源项目并贡献力量，自主研发人工智能开源软件局部功能和模块，主导优势领域人工智能开源应用软件的研发，不断推动行业应用。

第 3 章　人工智能产业布局及技术分解

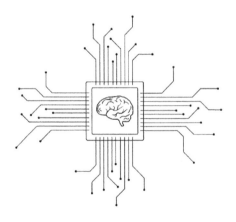

3.1　人工智能的产业链分布

人工智能产业市场规模较大，产业链较长，技术门槛较高且应用广泛，是现代电子信息产业的基础。如图 3-1-1 所示，本书中的人工智能产业链根据技术层级从上到下，分为基础层、技术层和应用层。其中，基础层是人工智能产业的基础，为人工智能提供数据及算力支撑；技术层是人工智能产业的核心；应用层是人工智能产业的延伸，面向特定应用场景需求而形成软硬件产品或解决方案。

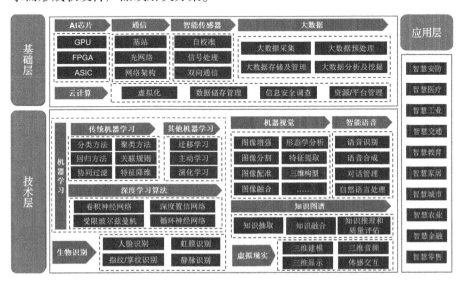

图 3-1-1　人工智能产业链分布图

　　根据人工智能产业链分布图，结合重点产业规模数据库、企业数据库、政策数据库、产业资源数据库、专利数据库、投资数据库等多维数据，从产业、区域、企业等多角度绘制产业全景图并进行可视化分析，如图3-1-2所示，全方位展示产业发展现状和趋势。

图 3-1-2　人工智能产业全景图

3.2　人工智能的技术分解

　　人工智能产业涉及技术环节多，应用领域广泛，对各领域的专利技术进行分析研究，存在涉及领域多、文献量大的难题。为了全面、准确地梳理人工智能产业专利技术，首先需要对该产业涉及的技术和应用领域进行拆分与解释。通过综合产业分类形态、学术分类习惯、专利分类体系以及企业实际需要，确定人工智能产业的技术分解图，如图3-2-1所示。

　　由图3-2-1可以看出，人工智能主要分为基础层、技术层和应用层三个技术层级。基础层包括芯片、智能传感器、云计算、大数据、通信等技术分支。芯片技术是以硬件为载体的AI技术，是一种针对人工智能算法的优化硬件设备，能够为人工智能应用提供高效、可靠的运算能力和数据存储及管理能力。大数据技术通过处理和分析海量的数据，为人工智能提供基本的数据支持。

技术层包括机器视觉、智能语言、生物识别、机器学习、知识图谱、虚拟现实等技术分支。机器视觉技术通过计算机来模拟人的视觉功能，但其不是人眼的简单延伸，而是具有人脑的一部分功能，即从客观事物的图像中提取信息，进行处理并加以理解，最终用于实际检测、测量和控制，具有速度快、信息量大、功能多等特点。智能语音技术可以模拟人类的语言处理方式，将输入的语音信号转化为文本，然后对文本进行自然语言处理和语义理解，最终输出结果，该技术不仅可以实现语音识别和文字转换，还可以理解人类的意图和需求，从而完成各种任务。生物识别技术通过计算机与光学、声学、生物传感器和生物统计学原理等高科技手段密切结合，利用人体固有的生理特性（如指纹、人脸、虹膜等）和行为特征（如笔迹、声音、步态等）进行个人身份的鉴定，具有不易遗忘、防伪性能好、不易伪造或被盗等优点。

应用层包括智慧安防、智慧医疗、智慧工业、智慧交通、智慧教育、智慧家居、智慧城市、智慧农业、智慧金融、智慧零售等技术分支。智慧安防技术利用视频监控系统、人工智能算法和设备，实现对特定场景的智能感知和监测，可以通过人工智能算法对视频进行识别和分析，实现对车辆、人物、物品行为的智能分析与监测，对异常行为进行预警和分析。智慧交通技术利用云计算、人工智能、大数据等技术汇集交通信息，对交通管理、交通运输、公众出行等交通领域全方面以及交通建设管理全过程进行管控支撑，使交通系统在区域、城市甚至更大的时空范围内具备感知、互联、分析、预测、控制等能力，以充分保障交通安全、发挥交通基础设施效能、提升交通系统运行效率和管理水平，为通畅的公众出行和可持续的经济发展服务。

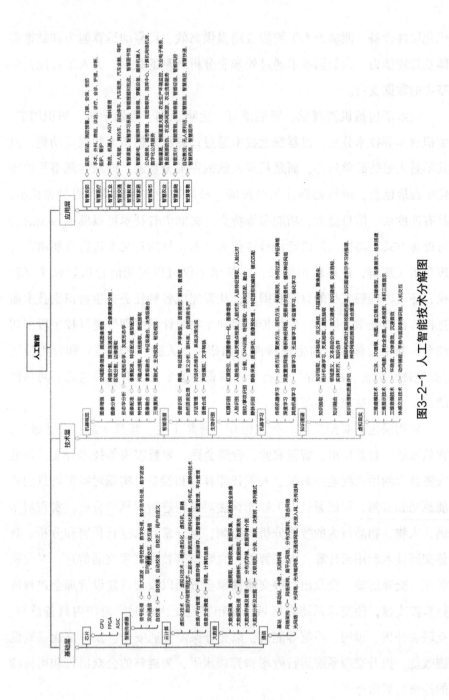

图3-2-1 人工智能技术分解图

3.3　研究方法

本书将人工智能政策解读、产业调研和专利分析三个维度相结合，综合给出浙江省人工智能产业的发展定位、发展方向、优势、劣势等总结建议。

本书检索所使用的专利文献数据库主要为智慧芽专利数据库；检索的范围为 2000 年 1 月 1 日到 2021 年 12 月 31 日的专利公开公告数据。

第4章 全球及中国各省（区、市）人工智能产业布局分析

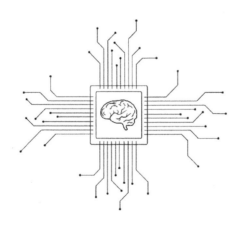

4.1　全球人工智能政策解读

美国发布的人工智能政策有《国家人工智能研究和发展战略计划》（*The National Artificial Intelligence Research and Development Strategic Plan*）、《人工智能、自动化和经济》（*Artificial Intelligence，Automation，and the Economy*）、《为人工智能的未来做准备》（*Preparing for the Future of Artificial Intelligence*）、《人工智能白皮书》（*Artificial Intelligence White Paper*）等。美国发布的人工智能政策的着力点在于应对人工智能发展的大趋势，以及人工智能在长期上对国家安全与社会稳定的影响，同时美国作为科技引领性强国，力图保持其对人工智能发展的主动性与预见性，并在重要的人工智能领域（互联网领域，芯片、操作系统等计算机软硬件领域，以及金融业、军事和能源领域）保持其世界领先地位。美国力图探讨人工智能驱动的自动化对经济的预期影响，研究人工智能给就业带来的机遇和挑战，进而提出战略以应对相关影响。

欧盟发布了《2014—2020 年欧洲机器人技术战略研究计划》（*Strategic Research Agenda For Robotics in Europe 2014—2020*）、"地平线 2020 计划"《机器人多年度发展战略图》（*Robotics 2020：Multi-Annual Roadmap*）、《衡量欧洲研究与创新的未来》（*Gauging the Future of EU Research & Innovation*）、《对欧盟机器人民事法律规则委员会的建议草案》（*Draft Report with*

Recommendations to the Commission on Civil Law Rules on Robotics)、《欧盟机器人民事法律规则》（*Civil Law Rules on Robotics*）等政策或计划。欧盟以及以德国、英国、法国为代表的欧洲国家，着重关注的是人工智能带来的伦理和道德风险，在政策制定上关注如何应对人工智能给人类造成的安全、隐私、诚信、尊严等伦理方面的潜在威胁。

德国发布了《新高科技战略：为德国而创新》（*Die Neue Hightech - Strategie：Innovationen für Deutschland*）、《将技术带给人类：人机交互的研究项目》（*Technik zum Menschen bringen：Forschung Programmzur Mensch - Technik - Interaktion*）、《联邦教育研发部关于创建"学习系统"平台的决定》（*BMBF Grundet Plattform "Lernende Systeme"*）、《创新政策》（*Innovation Policy*），以及与法国共同进行的《关于人工智能战略的讨论》（*Prasentation zur Kunstlichen Intelligenz*）等。

英国围绕人工智能发布的政策有《机器人与自动系统2020》（*2020 Robotics and Autonomous Systems*）、《产业战略：建设适应未来的英国》（*Industrial Strategy：Building a Britain Fit for the future*）、《发展英国人工智能产业》（*Growing the Artificial Intelligence Industry in the UK*）、《机器人与人工智能：政府对委员会2016—2017年会议第五次报告的回应》（*Robotics and Artificial Intelligence：Government Response to the Committee's Fifth Report of Session 2016—17*）等。

法国发布的人工智能政策有《有意义的人工智能：法国和欧洲的战略》（*For a Meaningful Artificial Intelligence：Towards a French and European Strategy*）、与德国共同进行的《关于人工智能战略的讨论》（*Prasentation zur Kunstlichen Intelligenz*）等。

日本发布的人工智能政策有《日本复兴战略2016》（*Japan Revitalization Strategy 2016*）、《人工智能科技战略：人工智能技术专家战略委员会报告》（*Artificial Intelligence Technology Strategy：Report of Strategic Council of AI Technology*）等。日本的人工智能政策发布得较晚，政策预期在国家层面建

立起相对完整的人工智能研发促进机制，希望借力人工智能来推进其超智能社会的建设。

4.2　全球人工智能产业情况

基于人工智能技术的各种产品在各个领域代替人类从事简单、重复的体力或脑力劳动，大大提升了生产效率和生活质量，也促进了各个行业的发展和变革。全球人工智能产业规模持续扩大，2020 年受新冠疫情影响增速有所放缓。

互联网数据中心（Internet Data Center，IDC）公布的数据显示，2020年全球人工智能市场的规模比 2019 年增长 12.35%，达到 1565 亿美元，如图 4-2-1 所示。IDC 表示虽然全球 AI 市场受到了疫情的影响，但是对人工智能市场的投资将会快速恢复。

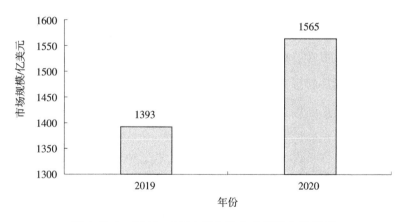

图 4-2-1　2019—2020 年全球人工智能市场规模

如图 4-2-2 所示，从全球市场来看，人工智能的火热离不开资本的助力。2014—2018 年，全球人工智能投融资金额和投融资次数逐年增长，2018 年全球人工智能行业投融资事件共计 1016 起，投融资金额达 1598.02亿元。2019—2020 年人工智能投融资事件有所减少，2020 年相关投融资事件仅有791起，但投融资金额逐年增加，仅2021年1—11月份，全球人工智能投融资资金额已高达3227.60亿元。

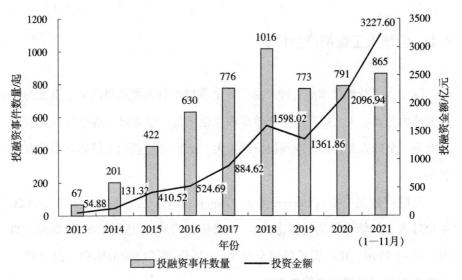

图4-2-2　2013—2021年全球人工智能投融资情况

如图4-2-3所示，从区域来看，全球主要地区的投融资金额均保持波动上升的走势。其中，中国人工智能投融资资金额处于领先地位，2021年达到2293.19亿元，接近美国人工智能市场的3倍。

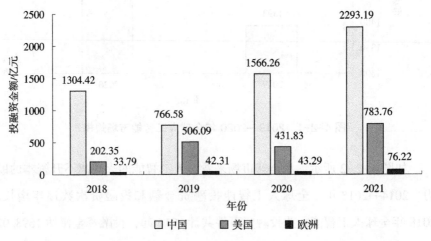

图4-2-3　2018—2021年全球主要人工智能市场投融资资金额情况

4.3　全球人工智能产业专利情况

4.3.1　全球人工智能产业专利申请趋势

图 4-3-1 展示了全球人工智能产业专利申请趋势。从整体来看，自 2000 年开始，全球人工智能产业专利申请量就呈现不断增长的趋势，2000—2009 年处于缓慢增长期，年增长率基本低于 10%，2010 年进入快速增长期，并在 2017 年突破 10 万件。总体来说，全球人工智能产业正处于蓬勃向上的发展阶段，并将在重组全球要素资源、重塑全球经济结构、改变全球竞争格局方面发挥重要作用，人工智能技术加速融入经济社会发展各领域全过程已是大势所趋。

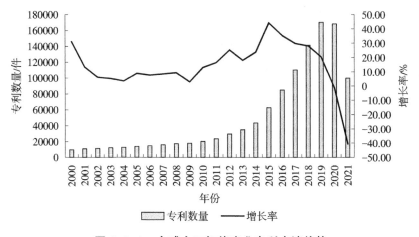

图 4-3-1　全球人工智能产业专利申请趋势

4.3.2　全球人工智能产业专利区域分布

图 4-3-2 展示了全球人工智能产业专利区域分布及前十申请国排名。就全球分布而言，人工智能专利主要分布在中国、美国、日本、韩国及部

分欧洲国家。美国的专利申请量虽然比中国的少，但其人工智能战略和政策的着力点在于保持全球"领头羊"地位，并期望对人工智能的发展始终具有主动性与预见性。韩国和日本拥有雄厚的 ICT 产业发展根基，这为其发展人工智能奠定了良好的研发与应用生态基础。欧盟很早就把发展以智能化为基础的经济模式作为其主要战略目标，注重在研发和人才上的投入，但由于缺乏风险资本和私募股权投资，以及民众过多顾虑隐私保护等问题，其在人工智能上的发展落后于中国和美国。我国人工智能产业在政策、资本、市场需求的共同推动和引领下快速发展，集聚发展效应明显，产业规模不断扩大，产业链布局不断完善，专利量处于全球领先地位。

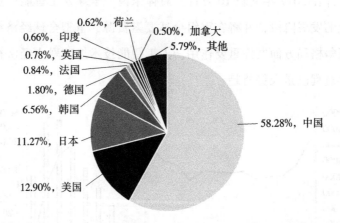

图 4-3-2　全球人工智能产业专利区域分布及申请国排名前十

4.3.3　全球人工智能产业专利企业申请人排名

图 4-3-3 展示了全球人工智能产业专利企业申请人排名，在排名前 20 的企业中，日本一共有 7 家企业，中国有 6 家企业，美国有 5 家企业，韩国和荷兰分别有 1 家企业。其中排名第一的是韩国的三星电子株式会社，也是韩国唯一上榜的企业，三星在各个行业的领导者地位无形之中为其发展 AI 技术提供了无与伦比的优势。排名第二的是中国的腾讯公司，腾讯公司很早就开始在 AI 技术领域布局和研究，并基于其在游戏、社交、移动支

付等领域的优势地位，逐渐在计算机视觉服务以及市场影响力等层面在 AI 开发者群体中形成了强大的技术影响力。排名第三的是美国的 IBM，IBM 是人工智能的开创者、开拓者、引领者，也是积极的实践者，IBM 率先实现了"通用人工智能"技术的布局。

图 4-3-3　全球人工智能产业专利企业申请人排名

4.4　中国各省（区、市）人工智能政策解读

近年来，我国政府高度重视人工智能的技术进步与产业发展，目前人工智能已上升至国家战略层面。虽然我国人工智能技术研发起步较晚，在基础层、技术层等层面相对发达国家而言力量较为薄弱，但得益于国家政策的大力扶持，我国人工智能产业短板已逐渐补齐，发展势头迅猛，甚至

在局部领域如技术层（机器视觉和语音识别）和应用层已走在世界前端。

近年来，我国出台的与人工智能相关的主要政策见表4-4-1。从政策出台历程来看，2015年国务院出台的《中国制造2025》提出发展智能装备、智能产品和生产过程智能化，随后人工智能相关政策进入密集出台期。2016年，人工智能被写入"十三五"规划纲要，之后国务院、发展改革委、工信部、科学技术部等多部门出台了多项人工智能相关规划及工作方案来推动人工智能的发展。2017年，人工智能被写进党的十九大报告，以推动互联网、大数据、人工智能和实体经济深度融合。2021年9月，国家新一代人工智能治理专业委员会发布《新一代人工智能伦理规范》，标志着人工智能政策已从推进应用逐渐转入监管，以确保人工智能处于人类控制之下。

表4-4-1　2016—2021年我国人工智能产业主要政策

发布时间	名称	主要内容
2016年8月	《国家发展改革委办公厅关于请组织申报"互联网+"领域创新能力建设专项的通知》	促进人工智能技术发展：①深度学习技术及应用国家工程实验室；②类脑智能技术及应用国家工程实验室；③虚拟现实/增强现实技术及应用国家工程实验室
2017年7月	《新一代人工智能发展规划》	提出了面向2030年我国新一代人工智能发展的指导思想、战略目标、重点任务和保障措施，部署构筑我国人工智能发展的先发优势，加快建设创新型国家和世界科技强国
2017年12月	《促进新一代人工智能产业发展三年行动计划（2018—2020年）》	重点发展智能传感器、神经网络芯片、开源开放平台等关键环节，夯实人工智能产业发展的软硬件基础
2018年11月	《新一代人工智能产业创新重点任务揭榜工作方案》	通过在人工智能主要细分领域选拔领头羊、先锋队，树立标杆企业，培育创新发展的主力军，加快我国人工智能产业与实体经济深度融合

发布时间	名称	主要内容
2019 年 3 月	《关于促进人工智能和实体经济深度融合的指导意见》	促进人工智能和实体经济深度融合，要把握新一代人工智能发展的特点，坚持以市场需求为导向，以产业应用为目标，深化改革创新，优化制度环境，激发企业创新活力和内生动力，结合不同行业、不同区域的特点，探索创新成果应用转化的路径和方法，构建数据驱动、人机协同、跨界融合、共创分享的智能经济形态
2020 年 7 月	《国家新一代人工智能标准体系建设指南》	明确到 2023 年，初步建立人工智能标准体系，重点研制数据、算法、系统、服务等重点急需标准，并率先在制造、交通、金融、安防、家居、养老、环保、教育、医疗健康、司法等重点行业和领域进行推进
2021 年 9 月	《新一代人工智能伦理规范》	旨在将伦理道德融入人工智能全生命周期，为从事人工智能相关活动的自然人、法人和其他相关机构等提供伦理指引

除了国家层面出台政策，各省（区、市）也相继出台了相关政策促进人工智能产业的发展，支持措施包括集群培育、科研奖励、人才培育以及项目招商等，各地通过政策注入实质性的人、财、物资源，推动各地人工智能产业集聚加速发展。自 2019 年北京市成为全国首个国家新一代人工智能创新发展试验区以来，上海市、天津市、深圳市、杭州市、合肥市、德清县、重庆市、成都市、西安市、济南市、广州市、武汉市、苏州市、长沙市、郑州市、沈阳市等先后入选。从当前已经获批的地区来看，目前我国人工智能企业主要分布在京津冀、长三角、珠三角、川渝四大都市圈，围绕北京、上海、深圳、杭州、成都展开。

针对各自的发展背景及发展条件，各省（区、市）促进和扶持人工智能产业发展的方案及措施各有不同。北京市着力形成具有完备的管理制度、完善的工作机制、完整的技术支撑系统、健全的生态体系的公共数据开放工作体系，通过公共数据开放促进人工智能产业发展。上海市大力发展人工智能算法技术，规划到 2023 年上海人工智能算法水平总体保持国内领先、部分领域达到国际一流水平。广东省侧重高质量推进人工智能融合创新载体建设，支持广州、深圳推进国家新一代人工智能创新发展试验区和国家人工智能创新应用先导区建设，构建开放协同的创新平台体系。浙江省出台相关方案，旨在在关键领域、基础能力、企业培育、支撑体系等方面取得显著的进步，成为全国领先的新一代人工智能核心技术引领区、产业发展示范区和创新发展新高地。福建省加强人工智能关键技术研发，构建人工智能研发应用平台，加快培育、引进人工智能高新技术企业，加快新一代人工智能产业布局。江苏省提出加快新型基础设施建设，适应5G、人工智能、智能网联汽车等产业发展。

4.5　中国各省（区、市）产业聚集度情况

据企查查数据统计，截至 2021 年，京津冀、长三角、珠三角和川渝四大经济圈的人工智能企业数量共计 8870 家，占全国人工智能企业数量的 60.21%，如图 4-5-1 所示。其中，长三角地区人工智能企业数量为 4406 家，占人工智能企业数量的 29.91%，在四大经济圈居于首位。

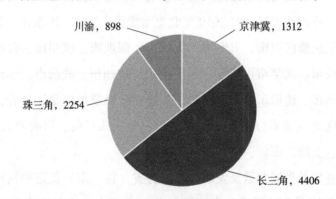

图 4-5-1　四大经济圈人工智能企业分布情况

如图 4-5-2 所示，上海、杭州人工智能企业数量分别为 1103 家、704 家，占整个长三角地区的 41.01%。珠三角地区人工智能企业数量为 2254

家，位居四大经济圈第二，主要集中在深圳，为 1411 家，占整个珠三角地区的 62.60%。京津冀地区人工智能企业数量为 1312 家，主要集中在北京，占京津冀地区人工智能企业总数的 73.70%。川渝地区人工智能企业主要分布在成都和重庆两地，其中成都 357 家，占川渝地区人工智能企业总数的 39.76%。

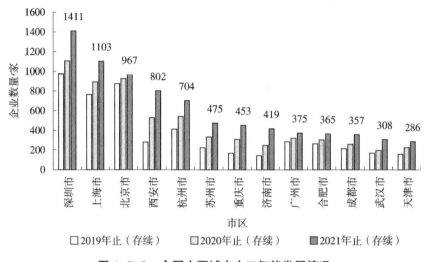

图 4-5-2　全国主要城市人工智能发展情况

4.6　中国各省（区、市）人工智能产业专利分析

4.6.1　中国人工智能产业专利申请趋势

2000—2021 年中国人工智能产业相关专利共公开了 478077 件，由图 4-6-1 可知，中国人工智能产业专利的一级分支占比技术层最具优势，达到了 42.00%；其次是基础层，达到了 35.00%；占比最小的是应用层，具体是 23.00%。

根据图 4-6-1 所示的中国人工智能产业专利申请趋势来看，整体呈现上涨趋势，2011 年专利申请量增长率有较大幅度的提升，但是年申请量较少，自 2014 年起，受到全球人工智能大环境、全国政策引导的影响，人工智能产业专利数量呈现急速增长趋势，这种增长趋势一直延续到 2020 年，达到 97103 件。虽然 2014—2020 年的人工智能产业专利年申请量仍保持增长趋势，但专利申请年增长率在 2018 年明显下降。

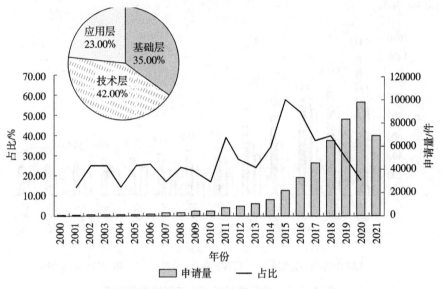

图 4-6-1　中国人工智能产业专利申请趋势

4.6.2　中国各省（区、市）人工智能产业专利申请排名

根据图 4-6-2 所示的中国人工智能产业专利申请前十省（区、市）排名来看，中国人工智能产业专利申请除了在广东省及北京市密集度较高，在区域上主要集中在中部地区。从人工智能产业专利申请量前十省份的专利数量来看，广东省遥遥领先，达到了 92715 件，其次是北京市 77584 件，再次是江苏省 40382 件，其余省（区、市）专利申请数量差距不大，均在 1 万~3 万件。

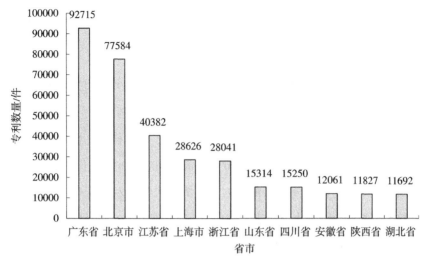

图 4-6-2　中国人工智能产业专利申请排名前十省（区、市）

4.6.3　中国各省（区、市）人工智能产业专利申请趋势

如图 4-6-3 所示，2000—2012 年各省（区、市）专利申请量差距不大，从 2014 年起，广东、北京、江苏的专利申请量涨幅明显高于其他省（区、市），特别是广东和北京，在 2017 年后专利申请量涨幅与其他省（区、市）拉开距离，到 2020 年各省（区、市）专利申请量均有所下降。

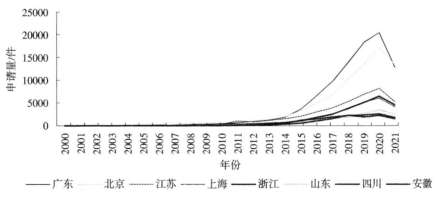

图 4-6-3　中国各省（区、市）人工智能产业专利申请趋势

4.6.4 重点省（区、市）专利技术反映产业综合实力较强的申请人

如图4-6-4所示，排名靠前的主要是企业申请人，前十位申请人中企业占7席，高校占3席。腾讯、百度、华为三家企业分别位列前三，其中腾讯以12963件专利申请量遥遥领先，百度、华为、平安科技、OPPO、国家电网、三星的专利申请量呈阶梯式排布，差值为1000～2000。位居第八～第十的是三所高校申请人，分别是浙江大学、清华大学以及西安电子科技大学，三者专利储备量差距不大，均在2500件左右。排名前50中涉及浙江的企业申请人主要有支付宝、杭州海康威视、浙江大华、网易、阿里巴巴等。

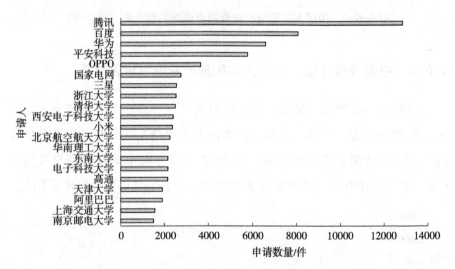

图4-6-4　中国人工智能产业头部专利申请人

4.6.5 重点省（区、市）专利技术反映产业链结构特点

如表4-6-1所示，从中国人工智能产业重点省（区、市）专利一级技术分支分布情况来看，对比全国专利数据，广东省、北京市、江苏省、上海市以及浙江省在人工智能产业技术层的专利布局趋近，且数据接近，上海市和浙江省在人工智能产业一级技术分支的专利布局占比几乎与全国数

据一致。广东省、北京市、江苏省在人工智能产业一级技术分支分布的区别主要是在基础层和应用层的浮动，其中广东省、北京市在技术层的专利申请量占比高于全国水平，这也说明了两个区域是中国人工智能的发展基础；江苏省在应用层占有一定的优势。

表4-6-1　中国人工智能产业重点省（区、市）专利一级技术分支分布情况

省份	专利申请量/件	专利分布占比
广东省	92715	
北京市	77584	
江苏省	40382	
上海市	28626	
浙江省	28041	

4.6.6 重点省（区、市）专利申请人排名

如表 4-6-2 所示，从中国人工智能产业重点省（区、市）专利一级技术分支分布情况来看，广东省、北京市、江苏省、上海市以及浙江省在技术层和基础层均有专利申请量较为突出的申请人。广东省申请人华为在技术层的专利申请量、北京市申请人百度在技术层和基础层的专利申请量、江苏省申请人东南大学在技术层和基础层的专利申请量，以及浙江省申请人浙江大学在技术层的专利申请量明显超越了各地区的其他申请人。在各省（区、市）申请人类型方面，值得注意的是，江苏省在人工智能产业的头部申请人均是高校；相反，广东省的前四位申请人是全国专利数据名列前茅的企业。

表 4-6-2 中国人工智能产业重点省（区、市）头部申请人在一级技术分支的专利布局

第5章　浙江省人工智能产业布局分析

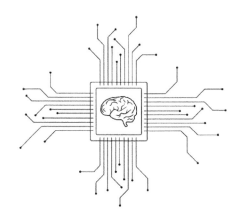

5.1 浙江省人工智能产业政策解读

浙江省积极响应国家号召，抢抓人工智能发展机遇，于 2017 年年底加快人工智能产业的前瞻性布局，在全国率先出台省级人工智能发展规划，成立浙江省人工智能专家委员会，依托浙江大学、阿里巴巴集团建设人工智能重点实验室，构筑国内人工智能创新高地，集成政策、集聚资源、集约服务，全力推动人工智能与实体经济、政务运行、公共服务深度融合，建成全国人工智能发展引领区。

2017 年 7 月浙江省发布《浙江省加快集聚人工智能人才十二条政策》，提出用 5 年的时间，集聚 50 位国际顶尖的人工智能人才、500 位科技创业人才、1000 位高端研发人才、10000 名工程技术人员和 10 万名技术人才。2017 年 12 月发布的《浙江省新一代人工智能发展规划》提出力争到 2022 年，培育 20 家国内有影响力的人工智能领军企业，形成人工智能核心产业规模 500 亿元以上，带动相关产业规模 5000 亿元以上，为浙江省人工智能产业领先全国打下基础。2019 年 1 月，《浙江省促进新一代人工智能发展行动计划（2019—2022 年）》提出以数字经济为引领，超前系统布局，优化顶层设计，增强原创能力，夯实核心基础，发展人工智能软硬件及智能终端产品，提升制造业智能化水平，完善公共支撑体系建设，推动人工智能与经济社会发展和人类生活需求深度融合，促进新一代人工智能高质量发展。

浙江省重点政策分布见表5-1-1。杭州市是浙江省首个提出并探索"城市大脑"的市区，其依靠阿里巴巴、海康威视等企业集聚优势，以"城市大脑"应用为突破口，在智慧零售、智能家居、智慧金融、智慧交通、智能制造、智慧城市等应用场景层面呈现集聚效应。杭州集聚了全省主要的人工智能科研机构，人工智能产业已进入全国第一梯队。湖州市拥有湖州普适人工智能大数据研究院、人工智能联合实验室、特康麻省长三角人工智能研究院、浙江大学人工智能研究所德清研究院等人工智能研究机构，以湖州智慧物流、智能装备等为突破口，加速人工智能产业发展。嘉兴市大力推动人工智能技术在智能终端、人脸识别、大数据分析、智能穿戴、智能汽车等领域的应用，智能终端有嘉兴景焱智能装备技术有限公司等，人脸识别有弘视智能科技有限公司，大数据分析有嘉兴遥感与全球变化研究中心和浙江不工数据服务有限公司，智能穿戴设施有浙江智柔科技有限公司及浙江微跑科技有限公司。

表5-1-1　浙江省重点政策分布

市	政策
杭州市	首个提出并探索"城市大脑"，依靠阿里巴巴、海康威视等企业的集聚优势，以"城市大脑"应用为突破口，在智慧零售、智能家居、智慧金融、智慧交通、智能制造、智慧城市等应用场景层面呈现集聚效应。杭州市集聚了全省主要的人工智能科研机构，人工智能产业已进入全国第一梯队
湖州市	拥有湖州普适人工智能大数据研究院、人工智能联合实验室、特康麻省长三角人工智能研究院、浙江大学人工智能研究所德清研究院等人工智能研究机构，以湖州智慧物流、智能装备等为突破口，加速人工智能产业发展
嘉兴市	大力推动人工智能技术在智能终端、人脸识别、大数据分析、智能穿戴、智能汽车等领域的应用，智能终端有嘉兴景焱智能装备技术有限公司等，人脸识别有弘视智能科技有限公司，大数据分析有嘉兴遥感与全球变化研究中心和浙江不工数据服务有限公司，智能穿戴设施有浙江智柔科技有限公司及浙江微跑科技有限公司

市	政策
宁波市	已落地建设一批如宁波智能制造产业研究院、宁波智能制造技术研究院等人工智能领域的高端创新平台，累计实施数字化车间/智能工厂项目42个，已建设形成智慧城管、智慧水利、智能物资、智能仓储等应用场景。博彦科技、海视智能、云太基、美象信息科技有限公司、鑫义科技公司等人工智能创新创业企业在机器视觉、语言理解、智慧城市领域取得创新突破
温州市	温州市发展特色化人工智能产业，打造最聪明的城市，加快数字创新平台建设，力争在"城市大脑"、5G、物联网、区块链、网络通信、智能计算、大数据、人工智能、网络安全等新兴领域实施重大科技攻关
绍兴市	绍兴市在制造业领域广泛应用了人工智能技术，例如，在机械制造、纺织服装、化工和电子信息等产业中，利用人工智能技术对生产过程进行智能化改造，提高了生产效率和产品质量。绍兴市在人工智能技术研发方面也取得了一定的进展。例如，喜临门家具股份有限公司研发的人工智能智慧床垫能够智能调节人的睡姿，通过人工智能技术实现智能匹配，让人维持更舒服的睡姿。此外，浙江斯菱汽车轴承股份有限公司也应用了人工智能技术进行密封圈的质量检测，通过安装人工智能摄像头和先进的视觉检测算法，大幅提高了检测效率和质量

近年来，浙江省立足数字经济平台优势，人工智能产业发展迅速，形成了以杭州为核心，甬金、嘉兴、温州等快速发展的态势。浙江省发展规划研究院开发的企业大数据分析系统显示，浙江省泛人工智能企业主要集中在环杭州湾城市群地区。

如图5-1-1所示，《浙江省人工智能产业发展报告（2020）》显示，2019年浙江省人工智能产业总营业收入为1987.37亿元，比上年增长22.12%；实现利润总额248.00亿元，比上年增长20.30%。产业规模达千亿级，形成了从核心技术研发、智能系统、智能终端制造到行业智能化应用的完整产业链。《2021年浙江省人工智能产业发展报告》显示，2020年浙江省人工智能产业总营业收入为2693.43亿元，同比增长35.53%；利润总额为337.41亿元，同比增长36.05%，实现了产业规模和效益双提升。

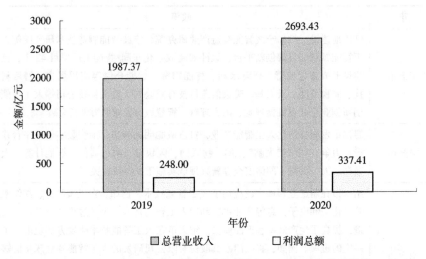

图 5-1-1　2019 年和 2020 年浙江省人工智能产业营收情况

在重点行业方面，浙江省先发优势显著增强。智能安防、智能零售、智能制造、智能计算等位居全国前列，AI 芯片、AI 软件、区块链等在全国领先，智能驾驶、智能物联快速发展。浙江省在智能安防方面更是走在全球前列，占领了全球 30% 以上的市场。目前，浙江省也在大力实施企业梯队化培育，2020 年 721 家企业列入浙江省人工智能企业统计监测目录，较上年增加 239 家，形成以阿里、网易、海康威视、大华股份等 IT 巨头为核心，众多初创型企业与人工智能平台集聚的格局。此外，在近几年浙江省人工智能产业发展过程中，智慧场景应用同样层出不穷。"未来工厂"、智能网联车等产业场景，"浙政钉""浙里办"等政务场景和"智能亚运""未来社区"等民生场景不断涌现，"AI+抗疫"、CT 影像 AI 辅助诊断也在抗疫中发挥了重要作用。

5.2　浙江省人工智能产业聚集度情况

如图 5-2-1 所示，杭州、宁波、温州、绍兴、嘉兴、湖州等城市人工智能产业发展较快，尤其是杭州的人工智能产业综合实力已居全国前列。据企查查数据统计，截至 2021 年，杭州市人工智能企业数量为 704 家，占据全省的 65.43%，领先于其他地市，位居全省第一；宁波、温州分别位居第二、第三，企业数量分别为 107 家、60 家，分别占全省的 9.94%、5.58%；其他地区也纷纷布局人工智能产业，近三年人工智能企业数量逐步增多。

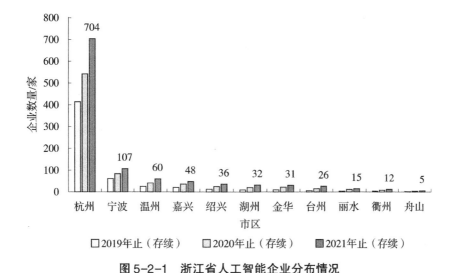

图 5-2-1　浙江省人工智能企业分布情况

根据企查查数据统计，结合人工智能一级技术分支，从企业的注册时间、团队规模、荣誉资质、优势技术、主营业务、典型专利等维度对浙江省主要城市人工智能产业的企业进行画像，综合刻画企业的技术实力和发展情况，如图 5-2-2 所示。

图 5-2-2　浙江省主要城市人工智能企业图谱

5.3　浙江省人工智能产业专利分析

5.3.1　浙江省人工智能产业知识产权布局情况

截至 2019 年年底，浙江省人工智能产业专利申请总量达到 13840 件；截至 2020 年年底，浙江省人工智能产业专利申请总量达到 20640 件，对应的年增长率为 49.13%；截至 2021 年年底，浙江省人工智能产业专利申请总量达到 28041 件，对应的年增长率为 35.86%，有所下降。

如表 5-3-1 所示，截至 2021 年年底，浙江省人工智能产业累计发明专利申请公开 18615 件，占全国的 6.23%；其中有效发明专利数量 6390 件，占全国的 6.39%；有效实用新型专利数量 3859 件，占全国的 7.21%；近五年发明专利授权量 4141 件，占全国的 7.89%；近五年实用新型专利授权量 2414 件，占全国的 7.08%。

表 5-3-1　浙江省人工智能产业发明专利申请数量统计

专利数据类型	全国	浙江省	浙江省占全国的比重/%
发明专利申请公开量/件	298611	18615	6.23
有效发明专利数量/件	99932	6390	6.39
有效实用新型数量/件	53511	3859	7.21
近五年发明专利授权量/件	52443	4141	7.90
近五年实用新型授权量/件	34080	2414	7.08

如图 5-3-1 所示，在浙江省各重点市区人工智能产业专利数量上，杭州市占绝对优势，专利数量为 21415 件，占浙江省比重达到 73.33%，浙江省其他人工智能重点市中，宁波市专利数量高于其他市区，具体数量是 2448 件，占比达到 8.38%，剩余的温州、嘉兴、绍兴、湖州、金华等地区数量相差不大，占比均为 2% ~ 5%。

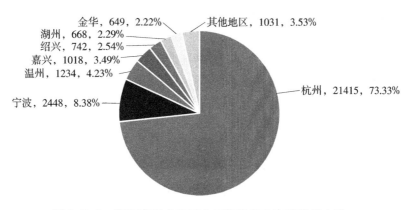

图 5-3-1　浙江省重点市区人工智能产业专利数量占比

5.3.2 浙江省人工智能产业专利申请趋势

如图5-3-2所示，在2010年以前，浙江省人工智能产业专利申请量呈缓慢增长趋势；从2011年开始，专利申请量开始快速增长，尤其是在2014年后呈现出爆发式增长，2018年的申请量约4000件。由此可见，浙江省人工智能产业的专利申请量在不断增加，且呈快速增长趋势。

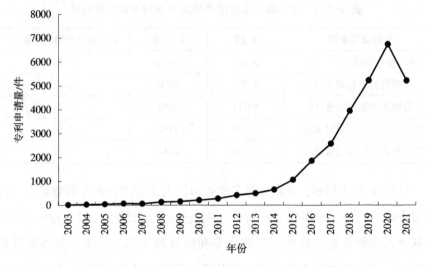

图5-3-2　浙江省人工智能产业专利申请趋势

5.3.3 浙江省人工智能产业专利转让趋势

如图5-3-3所示，由浙江省人工智能产业的专利转让趋势可见，2000—2007年，人工智能产业专利转让记录相对较少，几年零星会有一件转让数据。2008—2014年，人工智能产业的专利转让数量开始持续增加，2018年专利转让超过百件，在2020年达到顶峰，之后年转让量开始回落。总体来说，浙江省人工智能产业的专利转让数量整体呈现增长趋势，频繁发生专利转让也证明了该产业中企业的专利保护意识不断增强，企业的技术创新度不断提高。

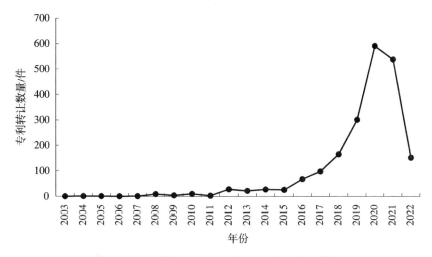

图 5-3-3　浙江省人工智能产业专利转让趋势

5.3.4　浙江省人工智能产业各个分支的专利数量

如图 5-3-4 所示，浙江省人工智能产业在一级技术分支的占比与全国数据相近，具体是基础层占 26%，技术层占 44%，应用层占 30%。进一步对一级技术分支的专利布局进行分析，在基础层，浙江省各申请人注重在芯片、智能传感器以及大数据分支进行专利布局；在技术层，浙江省各申请人注重在机器视觉、机器学习、生物识别以及智能语音分支进行专利布局；在应用层，浙江省各申请人注重在智慧家居、智慧安防、智慧工业、智慧交通分支进行专利布局。

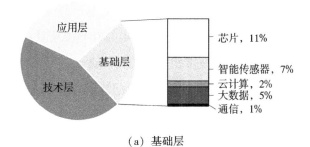

（a）基础层

图 5-3-4　浙江省人工智能产业各分支专利分布情况

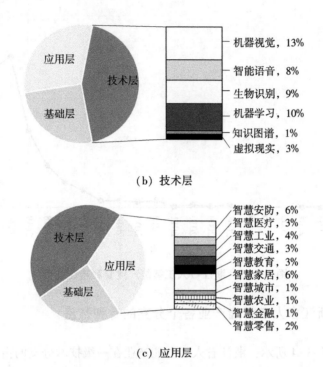

（b）技术层

（c）应用层

图 5-3-4　浙江省人工智能产业各分支专利分布情况（续）

5.4　浙江省人工智能产业竞争力分析

5.4.1　浙江省各重点市区人工智能产业分析

　　如图 5-4-1 所示，杭州市在人工智能产业专利储备量上与其他市区拉开了较远的距离。从 2011 年开始，杭州市的专利申请量开始快速增长，尤其是 2014 年后呈现出爆发式增长，2020 年的专利申请量达到巅峰，突破 5000 件。在其他市区中，宁波市相较于温州、嘉兴、绍兴、湖州、金华等地表现相对亮眼，自 2014 年后专利申请量增幅较为明显。

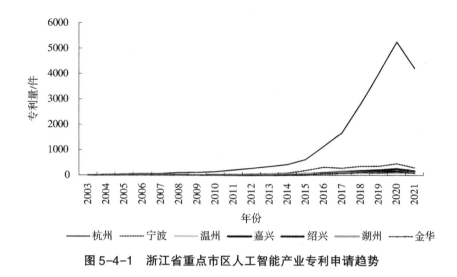

图 5-4-1　浙江省重点市区人工智能产业专利申请趋势

　　浙江省人工智能产业专利申请量基本来源于杭州市，这与杭州市人工智能企业数量居全省第一相关，杭州市人工智能专利申请量约占浙江省专利申请总量的 75%。

5.4.2　浙江省人工智能产业核心集聚杭州

　　图 5-4-2 中的数据显示，杭州市人工智能产业各分支专利占比均超过了 40%，其中最高的知识图谱分支占比超过了 90%；宁波市人工智能产业各分支专利占比为 4%～15%，其中智慧家居分支占比为 14.63%；温州市人工智能产业各分支专利布局偏向性较高，其中最高的智慧家居分支占比为 11.11%，而最低的知识图谱分支只有 3 件相关专利申请。值得注意的是，杭州市在知识图谱分支的专利布局占比相对较高，而宁波市、温州市则相对较低，杭州市在智慧家居分支的专利布局占比相对较低，而宁波市、温州市则相对较高，这在一定程度上说明，浙江省各市区在人工智能各分支技术的发展上呈现互补状态，在智能语音、机器学习等其他分支也有上述情况的体现。

杭州			宁波			温州		
技术分支	专利量	占比	技术分支	专利量	占比	技术分支	专利量	占比
芯片	1948	56.38%	芯片	474	13.72%	芯片	273	7.90%
智能传感器	1412	71.28%	智能传感器	201	10.15%	智能传感器	60	3.03%
云计算	390	70.78%	云计算	52	9.44%	云计算	23	4.17%
大数据	1128	79.10%	大数据	84	5.89%	大数据	67	4.70%
通信	258	71.27%	通信	18	4.97%	通信	19	5.25%
机器视觉	3174	79.47%	机器视觉	350	8.76%	机器视觉	120	3.00%
智能语音	2062	85.77%	智能语音	120	4.99%	智能语音	35	1.46%
生物识别	1876	70.37%	生物识别	257	9.64%	生物识别	115	4.31%
机器学习	2763	86.48%	机器学习	133	4.16%	机器学习	80	2.50%
知识图谱	393	90.14%	知识图谱	25	5.73%	知识图谱	3	0.69%
虚拟现实	632	82.61%	虚拟现实	58	7.58%	虚拟现实	29	3.79%
智慧安防	1317	76.66%	智慧安防	159	9.25%	智慧安防	50	2.91%
智慧医疗	556	67.56%	智慧医疗	91	11.06%	智慧医疗	46	5.59%
智慧工业	761	67.70%	智慧工业	108	9.61%	智慧工业	57	5.07%
智慧交通	548	59.24%	智慧交通	117	12.65%	智慧交通	46	4.97%
智慧教育	708	79.19%	智慧教育	59	6.60%	智慧教育	50	5.59%
智慧家居	728	40.65%	智慧家居	262	14.63%	智慧家居	199	11.11%
智慧城市	279	65.80%	智慧城市	40	9.43%	智慧城市	25	5.90%
智慧农业	251	53.52%	智慧农业	47	10.02%	智慧农业	37	7.89%
智慧金融	312	76.47%	智慧金融	37	9.07%	智慧金融	14	3.43%
智慧零售	462	72.53%	智慧零售	53	8.32%	智慧零售	26	4.08%

图 5-4-2　杭州市、宁波市、温州市人工智能产业各分支专利热力图

5.4.3　浙江省人工智能优势企业分析

图 5-4-3 展示了浙江省人工智能产业专利量排名前十的企业申请人，它们均位于杭州市，其中海康威视以 1454 件相关专利独占鳌头，支付宝和大华分别以 922 件和 891 件相关专利排名第二和第三，网易以 802 件相关

专利排名第四。

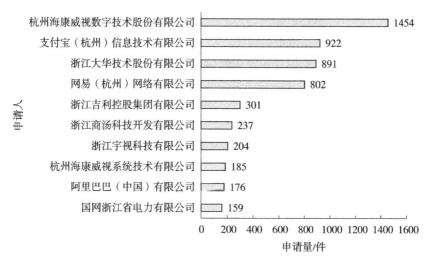

图 5-4-3　浙江省人工智能产业专利申请量排名前十的企业

　　一家优秀的企业不仅要立足中国，还要放眼世界。海康威视成立于 2001 年，于 2007 年开始进军国际市场。海康威视与国际领导厂商建立起良好的合作关系，如德州仪器（TI）、希捷（Seagate）、英特尔（Intel）、索尼（SO-NY）、霍尼韦尔（Honeywell）等，并与 TI 在杭州总部设有联合实验室，海康威视曾经是 TI DSP 全球最重要的合作伙伴之一，是 TI TMS320DM64x 芯片的全球最大用户之一。海康威视连年参加国际安防展，如伯明翰、拉斯维加斯、俄罗斯、中东等国际安防展，海外影响力不断提升。2016 年，海康威视收购了英国公司 Secure Holdings Limited（SHL），SHL 是英国入侵报警市场的领先企业，其旗下拥有的 Pyronix 品牌在欧洲拥有较高的知名度。

　　大华股份成立于 2001 年，公司从 2004 年开始拓展海外市场，在过去的十几年间保持强劲的增长势头，在海外市场获得了骄人的战绩。公司目前的合作机构主要有美国德州仪器公司、亚德诺半导体技术有限公司、英特尔公司、索尼公司、霍尼韦尔国际公司、海思半导体有限公司等多家国际知名公司。2014 年 10 月，大华股份联合英特尔（中国）有限公司举行发布会，正式宣布达成战略合作，结合自身优势强强联合，围绕视频监控

领域展开新的探索，加快其在物联网及智能家居行业的全面布局。2015 年
9 月，大华股份成功应用来自新思科技（Synopsys）的 Defensics 协议安全
测试工具并成功实施一项验证程序。这一合作不仅标志着大华股份成为全
球安防行业首家拥有 Synopsys 安全解决方案的企业，也将加快推动整个安
防行业在网络安全领域的发展进程。2016 年 4 月 15 日，大华股份与美国
ADI Global Distribution 正式建立战略合作伙伴关系，首选北美地区切入重
点发力渠道，意欲图谋全球范围市场规模的增长。

5.4.4 浙江省人工智能优势企业对标的国外企业分析

如表 5-4-1 所示，杭州海康威视数字技术股份有限公司、浙江大华技
术股份有限公司、浙江宇视科技有限公司以及杭州海康威视系统技术股份
有限公司均属于国内视频监控、安防领域的领先企业，从技术领域及相关
专利数量上分析得出，上述企业已经可与基恩士公司（Keyence Co.）、康
耐视公司（Cognex Co.）、安讯士网络通信有限公司（AXIS Communications
AB）和特恩驰集团（TKH Security LLC）对标。机器视觉行业的国际市场
长期由少数国际知名厂商所掌握，美国的康耐视（Cognex）和日本的基恩
士（Keyence）就是全球机器视觉行业的两大巨头，共占据全球市场份额
的一半左右。其中，日本基恩士的主要产品涉及自动化传感器、扫码器、
激光打标机、机器视觉系统、测量仪、数字显微镜和静电消除器等工厂自
动化领域，应用领域包括汽车、半导体、电子电气设备、电信、机械、化
学和食品等。近 10 年来，基恩士业绩整体保持向上增长的态势。康耐视公
司是为制造自动化领域提供视觉系统、视觉软件、视觉传感器和表面检测
系统的全球领先供应商。海康威视、大华股份是视频监控设备行业的龙头
企业，2020 年，这两家企业在我国的市场占有率合计达 64% 左右，全球市
场占有率合计达 45% 左右。海康威视虽在市场上占有一席之地，但与国际
头部企业相比仍有一定的差距。在机器视觉赛道，美国康耐视和日本基恩
士两大国际巨头的领先地位难以撼动。

表 5-4-1 浙江省人工智能产业优势企业对标的国外企业

当前申请 （专利权）人	专利数量/件	技术领域	应用领域	对标国外企业	专利数量/件
杭州海康威视数字技术股份有限公司	1454	机器视觉	智能安防、智慧交通、智慧城市	基恩士公司（Keyence Co.）	945
支付宝（杭州）信息技术有限公司	922	生物识别、机器学习	智慧金融	LG 电子公司（LG Electronics Inc.）	510
浙江大华技术股份有限公司	891	机器视觉	智能安防、智慧交通、智慧城市	康耐视公司（Cognex Co.）	945
网易（杭州）网络有限公司	802	机器学习、虚拟现实	智慧教育、智慧零售	雅虎集团（Yahoo Assets LLC）	808
浙江吉利控股集团有限公司	301	机器学习、智能语音	智慧交通	大众集团（Volkswagen）	119
浙江商汤科技开发有限公司	223	生物识别、机器学习	智慧医疗、智能家居	帕兰提尔科技公司（Palantir Technologies Inc.）	366
浙江宇视科技有限公司	204	机器视觉	智慧交通、智能安防	安讯士网络通信有限公司（AXIS Communications AB）	408
杭州海康威视系统技术股份有限公司	185	机器视觉	智能安防、智慧交通、智慧城市	特恩驰集团（TKH Security LLC）	58
阿里巴巴（中国）有限公司	176	机器学习	智慧零售	亚马逊技术公司（Amazon Technologies Inc.）	415
芋头科技（杭州）有限公司	124	智能语音、机器学习、虚拟现实	智能家居	增强现实公司（Magic Leap Inc.）	324

按照 2019 年的营收排名，全球安防公司 50 强中的前十位分别为海康威视、大华股份、亚萨合莱（ASSA ABLOY）、博世、安讯士、宇视科技、天地伟业、安朗杰、韩华泰科、TKH 集团。从技术领域及相关专利数量上分析后得出，宇视科技可与安讯士对标。宇视科技是全球 AIoT 产品、解决

方案与全栈式能力提供商，是以"ABCI"（AI—人工智能、BigData—大数据、Cloud—云计算、IoT—物联网）技术为核心的引领者。宇视科技创业10年（2011—2021年），营收增长了20倍。

1. 基恩士公司

基恩士是日本知名的机器视觉公司，成立于1974年5月，总部位于日本大阪，是全球传感器和测量仪器的主要供应商，业务范围包括传感器、测量仪器、视觉系统等。基恩士的产品覆盖面极其广泛，客户遍及各行各业，其主要机器视觉产品如图5-4-4所示。

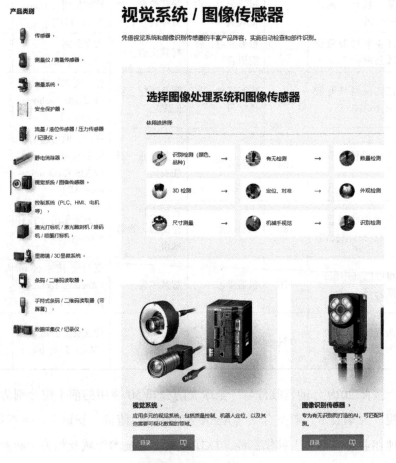

图5-4-4 基恩士公司主要机器视觉产品

从专利角度来看，截至 2021 年年底，基恩士共有 3823 件专利储备，其中有 3667 件发明专利，授权发明 1921 件，授权发明专利占整体发明专利的 52.39%，实用新型和外观设计专利分别有 116 件和 40 件，高占比的授权发明专利证明了基恩士在技术研发创新上的卓越实力，且基恩士除了日本本土专利布局，在美国、德国、中国、韩国等 9 个海外地区也有专利布局。

2. 康耐视公司

康耐视公司于 1981 年在美国成立，是全球机器视觉市场最早成立的公司之一。康耐视公司是为制造自动化领域提供视觉系统、视觉软件、视觉传感器和表面检测系统的供应商。康耐视公司在中游领域通过系统集成商完成装备生产，在中游领域也具有一定的影响力。

康耐视公司的产品包括广泛应用于全世界的工厂、仓库及配送中心的条码读码器、机器视觉传感器和机器视觉系统，能够在产品生产和配送过程中引导、测量、检测、识别产品并确保其质量，其主要机器视觉产品如图 5-4-5 所示。

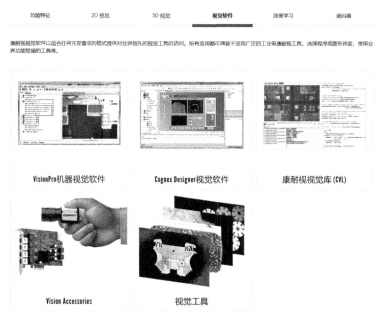

图 5-4-5 康耐视公司主要机器视觉产品

从专利角度来看，截至 2021 年年底，康耐视公司共有 1398 件专利储备，其中 1389 件发明专利中授权发明专利有 885 件，占比 63.71%，外观设计专利有 9 件。高占比的授权发明专利证明了康耐视公司的技术创新实力，且康耐视除了美国本土专利布局，在中国、德国、日本、韩国、欧洲专利局等 14 个海外地区也有专利布局。

3. 安讯士公司

瑞典安讯士网络通讯有限公司（Axis Communications AB）是全球致力于网络周边设备发展的领导者，创建于 1984 年，生产和研发基地设在瑞典隆德，目前在全球 70 多个国家设有销售网络。作为提供网络连接产品的重要厂商，安讯士在视频图像处理、传输和管理技术方面处于世界领先地位，是瘦服务器（Thin server）技术的积极倡导者，并致力于"Network Access to Everything"概念的推广。

安讯士公司提供的网络产品包括网络摄像机、网络视频服务器和网络打印服务器等系列先进的服务器。20 世纪 90 年代中期，安讯士公司涉足视频领域，凭借着性能优越的 CPU 芯片 ETRAX 系列和视频处理芯片 ARTPEC 系列，逐步发展成为全球网络视频监控产品的市场先导。2004 年，安讯士公司又凭借独家专利技术 ETRAX 100LX MCM CPU 芯片及 ARTPEC-2 图像处理芯片，研发出一系列网络视频新产品，极大地丰富了其网络视频产品线，其主要机器视觉产品如图 5-4-6 所示。

经过近十年的发展，安讯士公司的网络视频产品目前已经拥有业界较好的品质和全球领先的市场占有率。其产品被广泛应用于安全监视、远程监控和各类网站，行业应用涵盖电力、电信、政府、交通、水利、教育等。

网络摄像机

从帮助城市变得更安全、更智能到让零售真正发挥作用，我们提供全系列的网络摄像机，从坚固的室外机到适用于敏感环境的隐蔽产品。

网络摄像机

存取控制

控制谁进出 - 以及他们如何从我们全系列的访问控制产品中做到这一点。开放、可扩展和灵活，您可以根据当前和未来的所有要求调整我们的系统。

存取控制

网络对讲机

网络对讲解决方案将视频监控、双向通信和远程门禁控制整合到单个设备中，以实现对您的场所的安全访问。使用不同的集成可能性、内置智能和分析来确保更好的安全性。

网络对讲机

网络音频

提高安全性，制作实时或预定的通知，警告入侵者，在紧急情况下提供说明，或使用听起来很棒的背景音乐营造氛围。

网络音频

分析学

通过您可以立即采取行动的各种分析，轻松访问基于视频、音频和其他数据的可操作见解。在发生安保和安全漏洞时做出响应 - 专注于边缘。

分析解决方案

培训、服务和支持

使用我们广泛的**培训**、**技术支持**和**工具**，充分利用您的投资 - 无论您身在何处，何时何地需要，都能为您提供帮助。

学习

图 5-4-6　安讯士公司主要机器视觉产品

从专利角度来看，截至 2021 年年底，安讯士公司共有 3902 件专利储备，其中有 2868 件发明专利，授权发明专利有 2135 件，占比 74.44%，实用新型和外观设计专利分别有 11 件和 1023 件。高占比的授权发明专利证明了安讯士公司强劲的技术创新实力，除了瑞典本土专利申请，其专利布局重点在美国、中国、日本、欧洲专利局等，在 22 个海外地区有专利申请。

4. 特恩驰集团

荷兰特恩驰集团创立于 1930 年，是在荷兰阿姆斯特丹证券交易所上市的国际集团公司，总部设在荷兰汉克斯堡（Haaksbergen），拥有分布在 24 个国家和地区的 80 余家子公司以及全球范围内的营销网络。特恩驰集团聚焦于可视与安防系统、通信系统、连接系统、专业化生产系统四大核心技术，在其相对应的七个垂直增长市场中，解决方案扮演核心角色，通过市场、研发、设计、工程、物流领域的专家提议和项目完善，使特恩驰集团的专有技术和技能得到最佳的应用，为客户提供量身定做的解决方案。

特恩驰集团创造了先进的视觉技术，该技术包括 2D 和 3D 机器视觉与安全视觉系统。将这些技术与内部软件开发相结合，可以带来独特、智能化、集成化的即插即用系统和一站式解决方案，其主要机器视觉产品如图5-4-7 所示。

图 5-4-7　特恩驰集团主要机器视觉产品

从专利角度来看，截至 2021 年年底，特恩驰集团目前有 2436 件专利储备，其中有 2146 件发明专利，授权发明专利有 1274 件，占比 59.37%，实用新型和外观设计专利分别有 226 件和 64 件。高占比的授权发明专利证明特恩驰集团具有一定的科技水平。特恩驰集团在全球各地有众多专利布局，重点在中国、美国、德国、欧洲专利局等。

除此之外，从技术领域及相关专利数量分析后得出，浙江省其他领域优势企业也存在不少国外对标公司。例如，在智慧教育、智慧零售领域，网易（杭州）网络有限公司、阿里巴巴（中国）有限公司可与雅虎集团、亚马逊技术公司对标；在智能家居、智能医疗领域，浙江商汤科技开发有限公司、芋头科技（杭州）有限公司可与帕兰提尔科技公司、增强现实公司对标。

从技术领域、专利，再结合市场占比等维度，浙江省人工智能产业的优势企业已经可与国外对应领域的国际巨头相比较，尤其是在机器视觉、安防监控方面，其优势地位相对明显。需要注意的是，在某些方面，上述优势企业（如海康威视、大华科技等）虽然拥有较多的发明专利，但其授权发明专利占比平均在 35% 左右，与国外对标公司授权发明专利的高占比相比还有一定的差距。

5.4.5 浙江省人工智能优势区县分析

基于浙江省的省管县政策，图 5-4-8 展示了浙江省人工智能产业专利各区县（市）前二十排名。杭州市的 7 大主城区占据了浙江省前七名的位置，分别为滨江区、西湖区、余杭区、上城区、拱墅区、钱塘区和萧山区，体现了杭州市在浙江省的龙头发展地位。宁波市有 6 个区县（市）上榜，分别为鄞州区、江北区、慈溪市、余姚市、镇海区和海曙区，宁波的新兴产业高速发展，在人工智能、数字经济、新材料、高技术制造等领域均取得较高增速，从近几年的数据来看，鄞州区的经济规模基本已经稳居宁波第一。温州市和嘉兴市分别有 2 个区县（市）上榜，分别为瓯海区和鹿城区与桐乡市和南湖区，其他 3 个区县（市）分别为金华市的婺城区、台州市的椒江区和湖州市的吴兴区。上述各区县（市）代表了浙江省目前在人工智能产业上发展较优的同行政级别区域。

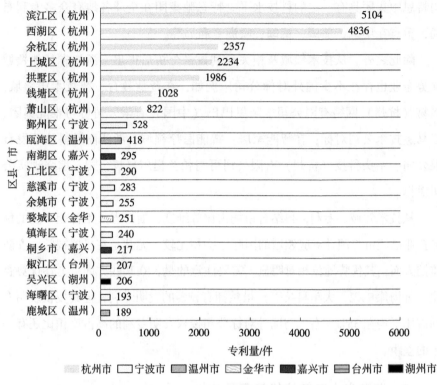

图 5-4-8　浙江省人工智能产业专利各区县（市）前二十排名

5.5　浙江省杭州市人工智能产业布局分析

5.5.1　杭州市人工智能产业政策解读

作为国内重要的软件与信息产业基地，杭州市具备人工智能创新发展的良好基础，综合实力相对较强。作为仅次于北京、上海、深圳的人工智能高速发展城市，杭州市在人工智能政策方面也不甘示弱，频频出台多项与人工智能相关的政策并且正在逐步完善，为其人工智能行业发展保驾护航。

如图 5-5-1 所示，2019 年科学技术部发布《关于商请支持杭州市和德清县建设国家新一代人工智能创新发展试验区的函》，支持杭州市建设国家新一代人工智能创新发展试验区。杭州市积极响应国家号召，成立国家新一代人工智能创新发展试验区建设领导小组，建设领导小组暨战略咨询专家委员会，建立试验区、先导区联动工作机制，出台《杭州市建设国家新一代人工智能创新发展试验区行动方案》《杭州市建设国家新一代人工智能创新发展试验区若干政策》，围绕打造人工智能新高地的目标，采取先行先试举措、优化人工智能创新生态等措施，加快推动试验区的建设。

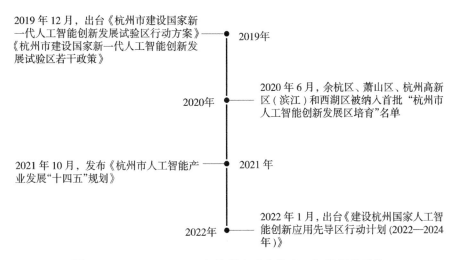

图 5-5-1　2019—2022 年杭州市出台的人工智能相关政策

2020 年 6 月，余杭区、萧山区、杭州高新区（滨江区）和西湖区被纳入首批"杭州市人工智能创新发展区培育"名单。如图 5-5-2 所示，余杭区形成"一核五园"、8 个连片区块，重点布局人工智能应用创新及产业化；西湖区以紫金港科技城和云栖小镇为核心区发展人工智能产业集群，启动建设环浙大玉泉人工智能产业带；滨江区形成"总部基地+研发孵化+智能制造+智慧应用"的"一轴两核三基地"的空间格局；萧山区则以"一心两院三小镇"为重点，构建创新资源汇聚地和新兴产业增长极。此外，钱塘、富阳和临安也相继在人工智能技术创新、产业培育、融合应用三大主线上发力，加快错位发展和协同发展，不断催生新产业，培育新动能，助推高质量发展。

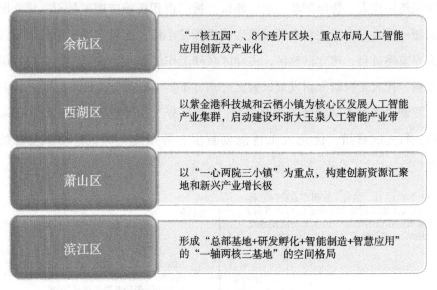

余杭区	"一核五园"、8个连片区块，重点布局人工智能应用创新及产业化
西湖区	以紫金港科技城和云栖小镇为核心区发展人工智能产业集群，启动建设环浙大玉泉人工智能产业带
萧山区	以"一心两院三小镇"为重点，构建创新资源汇聚地和新兴产业增长极
滨江区	形成"总部基地+研发孵化+智能制造+智慧应用"的"一轴两核三基地"的空间格局

图 5-5-2　杭州市人工智能重点区域分布

2021年10月，《杭州市人工智能产业发展"十四五"规划》发布，提出至2025年，全面打响杭州"中国视谷"经济地理新地标品牌，成为全国人工智能技术创新策源地、全国城市数字治理系统解决方案输出地、全国智能制造能力供给地、全国数据使用规则首创地、全国人工智能产业发展主阵地，人工智能产业营业收入达到3000亿元以上，年均增长15%以上，实现增加值660亿元以上，人工智能社会融合应用项目达到200个以上，综合实力稳居国内第一梯队，成为具有全球影响力的人工智能领头雁城市。

2022年1月，为了加快推动杭州国家人工智能创新应用先导区建设，深化人工智能技术应用和产业化，打造人工智能创新应用新高地，杭州市出台《建设杭州国家人工智能创新应用先导区行动计划（2022—2024年）》，明确以数字化改革为抓手，迭代升级"城市大脑"智能算法、自我学习与决策能力，实现数字治理向数智治理的转变。

在政策的支持与推动下，杭州市人工智能综合实力不断提升。如图

5-5-3 所示，根据赛迪发布的《2019 年赛迪人工智能企业百强榜研究报告》，杭州凭借阿里巴巴、海康威视、蚂蚁集团在前十强中占据三席，占比全国第一；根据中国新一代人工智能发展战略研究院发布的《中国新一代人工智能科技产业区域竞争力评价指数（2020）》，杭州位居第四，处于第一梯队。根据清华—中国工程院知识智能联合研究中心发布的"2020年全球人工智能最具创新力城市榜单"，杭州排名全球第 54 位；在 2021 年人工智能计算大会发布的"最新中国人工智能城市排行榜"中，杭州位居全国第二；在 2021 年人工智能科技产业城市（不含直辖市）竞争力评价指数排名中，杭州位居第二，仅次于深圳。

01	02	03
2019年	2020年	2021年

·赛迪发布《2019年赛迪人工智能企业百强榜研究报告》，杭州凭借阿里巴巴、海康威视、蚂蚁集团在前十强中占据三席，占比全国第一

·根据《中国新一代人工智能科技产业区域竞争力评价指数（2020）》，杭州位居第四，处于第一梯队

·据清华-中国工程院知识智能联合研究中心发布的"2020全球人工智能最具创新力城市榜单"，杭州排名全球第54位

·在2021年人工智能计算大会发布的"最新中国人工智能城市排行榜"中，杭州位居全国第二

·在2021年人工智能科技产业城市（不含直辖市）竞争力评价指数排名中，杭州位居第二，仅次于深圳

图 5-5-3　2019—2021 年杭州市人工智能区域实力排名

5.5.2　杭州市人工智能产业聚集度情况

如图 5-5-4 所示，据企查查数据统计，截至 2021 年，杭州市人工智能企业占全省企业的比重达到 65.43%。其中，余杭区、滨江区和西湖区企业数量分别为 168 家、145 家和 135 家，分别占杭州市人工智能企业数量的 23.86%、20.60%、19.18%。

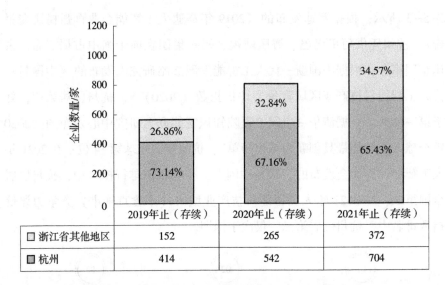

	2019年止（存续）	2020年止（存续）	2021年止（存续）
☐ 浙江省其他地区	152	265	372
■ 杭州	414	542	704

图 5-5-4 2019—2021 年杭州市人工智能企业占比

　　如图 5-5-5 所示，从企业数量分布情况可以看出，杭州市人工智能企业集中于余杭区、滨江区和西湖区。截至 2021 年，杭州市拥有省级认定人工智能领军企业 10 家、上市企业 43 家、独角兽企业 7 家、准独角兽企业 30 家，阿里云、蚂蚁集团、海康威视、大华、网易等企业的营收均超百亿元。

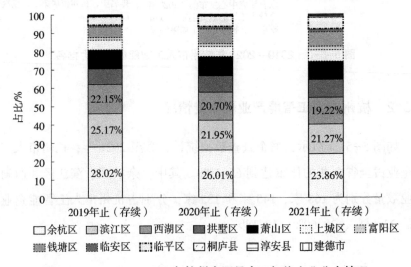

图 5-5-5 2019—2021 年杭州市区县人工智能企业分布情况

如图 5-5-6 所示，近几年杭州加快人工智能产业平台布局，初步形成了城西科创大走廊、萧山及滨江区双核集聚，余杭区、西湖区、钱塘区、临安区、上城区、拱墅区、富阳区等多点布局的态势；重点打造了包括余杭人工智能小镇、临安云制造小镇、西湖云栖小镇、萧山机器人小镇、西湖云谷小镇、杭州大创小镇在内的一批特色小镇，创建了 5G 创新产业园、浙江大学国家大学科技园（以下简称"浙大科技园"）、杭州人工智能产业园、高新区人工智能产业园、腾讯云基地人工智能与大数据众创空间等园区平台。余杭人工智能小镇已经集聚了 18 个高端研发机构及 815 个高端项目，形成了具有较强影响力的人工智能产业集群。

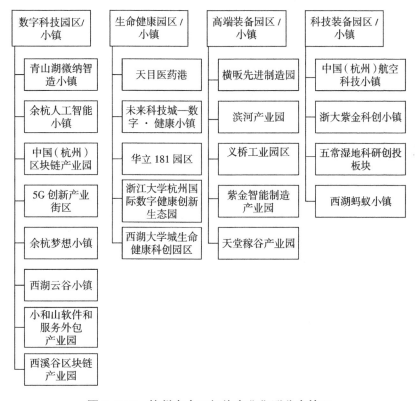

图 5-5-6 杭州市人工智能产业集群分布情况

杭州市人工智能产业发展动力强劲，涵盖 AI 芯片、智能传感器、云计算等基础层，机器视觉、智能语音、生物识别等技术层，以及智慧安防、智慧医疗、智慧工业、智能交通等应用层，初步形成了以龙头企业为引领，中小微企业蓬勃发展的格局。阿里云、蚂蚁集团专注云计算、大数据、智能语音、机器学习等多个技术领域，在智慧金融、智慧零售等领域独占鳌头。如图 5-5-7 所示，海康威视、大华股份专注发展 AI 芯片、机器视觉等技术领域，在智慧安防、智慧工业等多个领域领跑行业；网易领跑虚拟现实、知识图谱、云计算、大数据等技术领域，成为智慧文娱领域的领军企业；宇视科技、商汤浙江总部等发展成为机器视觉技术领域的龙头企业；安恒信息专注安全信息领域，在云计算、大数据、机器学习等技术领域领跑行业；芋头科技（杭州）发展成为智能语音技术领域的龙头企业。

图 5-5-7　杭州市主要人工智能企业图谱

5.5.3　杭州市人工智能产业专利分析

1．申请趋势

如图 5-5-8 所示，从杭州市各区人工智能产业专利申请趋势来看，在 2010 年后整体呈现上涨趋势，杭州市各区专利申请趋势与杭州市基本保持一致，其中滨江区、西湖区专利申请增长趋势优于余杭区与萧山区，自 2018 年后，滨江区、西湖区的人工智能产业发展开始逐渐领先于其他区域。

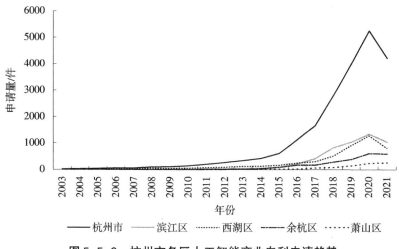

图 5-5-8　杭州市各区人工智能产业专利申请趋势

2. 申请人排名

如图 5-5-9 所示，杭州市人工智能产业专利申请排名前十中分别有 5 位高校申请人、4 位企业申请人和 1 位实验室申请人。浙江大学在人工智能产业专利储备量方面排名第一且与第二名海康威视在数量上拉开了一定的距离，浙江工业大学、杭州电子科技大学分别占据第三、第四位。排名前十的企业申请人主要有海康威视、支付宝、浙江大华、网易。

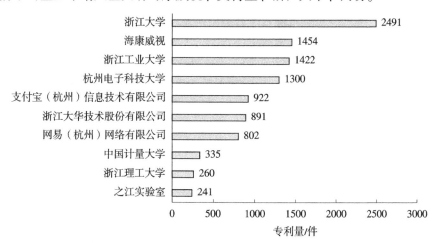

图 5-5-9　杭州市人工智能产业排名前十的专利申请人

其中浙江大学有实验室、重点项目落地在未来科技城，之江实验室是未来科技城的主要申请人之一。未来科技城作为杭州市重点打造的人工智能小镇，聚集了杭州市大部分的人工智能企业及人才，海外高层次人才总量和增量均位列浙江省第一、全国前列，截至 2021 年年底，未来科技城拥有上市企业 16 家，动态梯度上市培育企业 200 家，国家高新技术企业有效数达 921 家，省级研发中心 141 家、市级研发中心 199 家，聚集了中电海康、菜鸟、VIVO 全球 AI 总部、OPPO 全球终端总部等大批领军企业；累计引进培育海外高层次人才 4840 名，国内外院士 45 名，国家级海外高层次人才 177 名，省级海外高层次人才 259 名，市"521"人才 99 名，浙江省领军型创新创业团队 16 支。

3. 杭州市各区的专利数量占比

如图 5-5-10 所示，在杭州市各区人工智能产业专利数量占比上，滨江区、西湖区位于第一梯队，分别为 24%、23%；余杭区、上城区、拱墅区位于第二梯队，占比为 9%~11%；钱塘区和萧山区位于第三梯队，占比分别是 5%、4%。

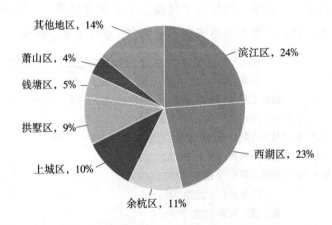

图 5-5-10　杭州市各区人工智能产业专利数量占比

4. 杭州重点区专利数量排名

如图 5-5-11 所示，从杭州市与各重点区在人工智能产业一级技术分支上的专利布局对比可以看出，滨江区在基础层的占比高于杭州市平均情况，说明滨江区在人工智能产业基础层的专利布局相较于杭州市其他区域具有优势；西湖区和上城区在技术层的占比高于杭州市平均情况，说明西湖区和上城区在人工智能产业技术层的专利布局相较于杭州市其他区域具有优势，主要是由于这两个区存在较多的高校申请人，包括浙江大学、浙江电子科技大学等，另外，西湖区的主要申请人还包括支付宝（杭州）信息技术有限公司；余杭区和萧山区在应用层的占比高于杭州市平均情况，说明余杭区和萧山区在人工智能产业应用层的专利布局相较于杭州市其他区域具有优势，其中余杭区优势更加明显。

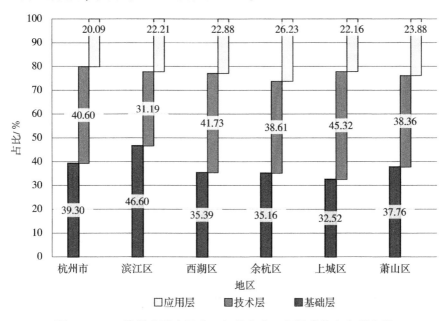

图 5-5-11 杭州市重点区人工智能产业一级技术分支专利布局

进一步对杭州市重点区人工智能产业优势技术分支开展专利布局分析，如表 5-5-1 所示，滨江区在基础层的专利布局主要在芯片和智能传感器上；在技术层，西湖区的优势在于智能语音，上城区的优势在于机器视觉；在应用层，余杭区的优势在于智慧家居、智慧金融和智慧农业，萧山区的优势在于智慧教育和智慧交通。

表 5-5-1　杭州市重点区人工智能产业重点技术分支专利布局

层级	领域	占比
基础层	芯片	滨江区 通信,4% 大数据,17% 芯片,30% 云计算,7% 智能传感器,42%
	智能传感器	
	云计算	
	大数据	
	通信	
技术层	机器视觉	西湖区 虚拟现实,4% 知识图谱,4% 机器视觉,28% 机器学习,30% 智能语音,19% 生物识别,15%
	智能语音	上城区 虚拟现实,3% 知识图谱,3% 机器视觉,34% 机器学习,32% 智能语音,13% 生物识别,15%
	生物识别	
	机器学习	
	知识图谱	
	虚拟现实	
应用层	智慧安防	余杭区 智慧安防,17% 智慧零售,12% 智慧金融,7% 智慧医疗,11% 智慧农业,3% 智慧城市,5% 智慧工业,11% 智慧家居,18% 智慧交通,7% 智慧教育,9%
	智慧医疗	
	智慧工业	萧山区 智慧零售,11% 智慧金融,5% 智慧农业,1% 智慧安防,16% 智慧城市,4% 智慧家居,13% 智慧医疗,12% 智慧教育,12% 智慧工业,12% 智慧交通,14%
	智慧交通	
	智慧教育	
	智慧家居	
	智慧城市	
	智慧农业	
	智慧金融	
	智慧零售	

第6章　未来科技城人工智能产业布局分析

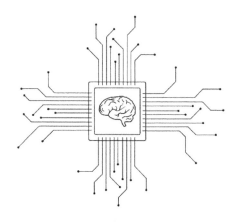

6.1　未来科技城人工智能产业政策解读

杭州未来科技城位于余杭区，规划面积为 123 平方千米，目前重点建设区域有 49.5 平方千米，是浙江省、杭州市、余杭区三级重点打造的示范区域。未来科技城从 2010 年开始建设，2011 年被列为全国四大科技城之一，2016 年获得"全国首批双创示范基地"称号，是浙江省重点打造的杭州城西科创大走廊的核心区、示范区、引领区，发展人工智能产业有深厚基础和明显优势。

人工智能小镇位于杭州未来科技城（海创园）核心区块，规划面积为 3.43 平方千米，以先导区和 5G 创新园为核心。5G 创新园是国内首个 5G 全覆盖、提供完整 5G 产研条件的创新园。人工智能小镇以人工智能为特色，覆盖大数据、云计算、物联网等业态，集中力量招引机器人、智能可穿戴设备、无人机、虚拟/增强现实、新一代芯片设计研发等领域，集聚一批人工智能领域高精尖人才，全力打造具有全球顶尖特色的人工智能小镇、浙江省省级特色小镇。同时，人工智能小镇又处于浙江省科技创新"十三五"规划版图上重点打造的城西科创大走廊核心区域，依托城西科创大走廊人才、产业、资本等优势，借助浙江大学、阿里巴巴、海创园、梦想小镇等各类平台优势，从而实现人工智能领域高端要素的集聚，未来必将成为继海创园、梦想小镇之后杭州城西科创大走廊的又一个"引爆点""新地标"。

6.2 未来科技城人工智能产业聚集度情况

截至 2021 年，杭州未来科技城拥有上市企业 16 家，动态梯度上市培育企业 200 家，国家高新技术企业有效数达 921 家，省级研发中心 141 家，市级研发中心 199 家，聚集了中电海康、菜鸟、VIVO 全球 AI 总部、OPPO 全球终端总部等领军企业。此外，其拥有之江实验室、湖畔实验室、良渚实验室三大省重点实验室等高端创新资源，智能诊疗设备创新中心等数字赋能资源，梦想小镇、人工智能小镇、5G 创新园等创新平台，为人工智能产业发展构建了坚实的基础和丰富的场景。杭州未来科技城作为浙江省创新创业的高地之一，已经形成一支以"阿里系、浙大系、海归系、浙商系"为代表的创业"新四军"队伍。当前，杭州未来科技城海外高层次人才总量和增量均位列浙江第一、全国前列，累计引进培育海外高层次人才 4840 名、国内外院士 45 名、国家级海外高层次人才 177 名、省级海外高层次人才 259 名、市"521"人才 99 名、浙江省领军型创新创业团队 16 支。

根据企查查数据统计，截至 2021 年年底，余杭区人工智能企业有 168 家，其中位于未来科技城的人工智能企业为 155 家，占比高达 92.26%。结合人工智能三级技术分支，从企业的注册时间、规模团队、荣誉资质、优势技术、主营业务、典型专利等维度对未来科技城内的主要人工智能企业进行画像，绘制的图谱如图 6-2-1 所示。

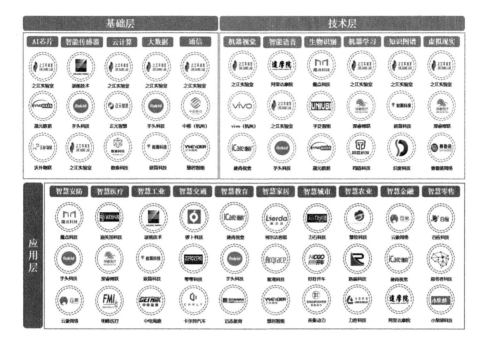

图 6-2-1　未来科技城主要人工智能企业图谱

6.3　未来科技城人工智能产业专利分析

6.3.1　申请趋势

从图 6-3-1 所示的杭州市重点区域与未来科技城的人工智能产业专利申请趋势来看，未来科技城与余杭区在人工智能产业的专利申请趋势高度重合，自 2010 年未来科技城成立以来，其人工智能产业专利申请量逐年上升，从 2014 年开始，专利申请量呈现爆发式增长，2021 年的专利申请量达到 520 件。

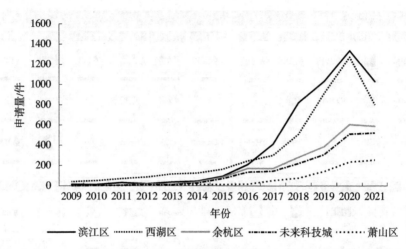

图 6-3-1 杭州市重点区域与未来科技城的人工智能产业专利申请趋势

从图 6-3-2 可以看出，在未来科技城人工智能产业的专利申请主体中，每年仍然以企业为主要申请主体，近几年随着未来科技城的不断发展，院校和研究所的规划落地，其专利申请量有了明显的增长。

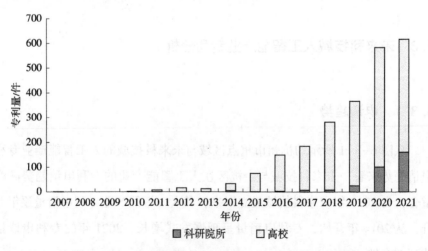

图 6-3-2 未来科技城人工智能产业专利申请人类型

6.3.2　专利占比

由表 6-3-1 中的数据可知，未来科技城的人工智能产业专利数量占杭州市总量的 10.67%，占浙江省总量的 8.15%。

表 6-3-1　未来科技城专利占比

浙江省		杭州市		未来科技城	
人工智能专利数量/件	28041	人工智能专利数量/件	21416	人工智能专利数量/件	2285
		占浙江	76.37%	占杭州	10.67%
				占浙江	8.15%

6.3.3　申请人排名

杭州未来科技城人工智能产业专利申请主体排名前二十如图 6-3-3 所示，其中之江实验室以 187 件专利量遥遥领先，其次是中国（杭州）移动和芋头科技（杭州）有限公司。芋头科技是一家以技术为基础，致力于机器人领域研究，追求极致工艺和用户体验，坚持创新原则的初创公司，专注于语音交互和机器视觉领域的研发工作。中国（杭州）移动为中国移动集团下属的三大研发机构之一。之江实验室是由浙江省政府、浙江大学、阿里巴巴集团共同打造，以网络信息、人工智能为研究方向的实验室。排名前二十的申请人中，企业有 17 家，科研单位及高校有 3 家，分别为之江实验室、杭州师范大学、浙江大学，其中浙江大学的专利均是和其他主体联合申请的。

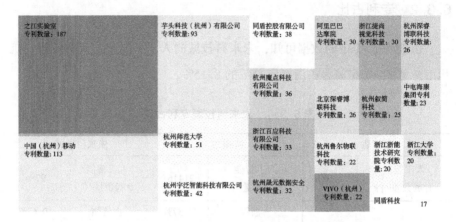

图 6-3-3　未来科技城人工智能产业排名前二十的专利申请主体

6.3.4　重点企业技术分布图

如图 6-3-4 所示，相较于其他申请人，之江实验室在人工智能产业各技术分支的专利布局较为全面，只是在应用层的智能家居、智能城市、智能农业上没有专利申请，而未来科技城的其他申请人在这几个分支上也鲜有专利布局，芯片、机器视觉、智能语音、机器学习是之江实验室重点进行专利布局的分支。技术层中的智能语音、生物识别、机器学习均是未来科技城企业申请人的重点专利布局领域，其中较有代表性的是芋头科技在智能语音和生物识别上的重点布局，宇泛智能、魔点科技在生物识别上的重点布局，阿里巴巴达摩院在智能语音上的重点布局。

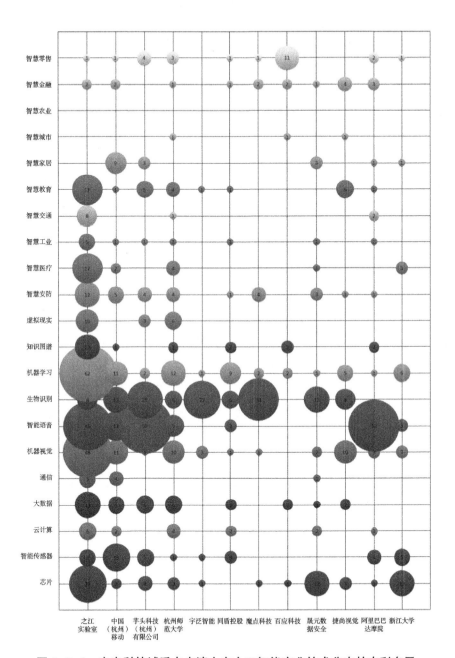

图 6-3-4　未来科技城重点申请人在人工智能产业技术分支的专利布局

6.3.5　各分支专利积累量

由图 6-3-5 可知，未来科技城在智能语音上的专利积累量最高，达到了 395 件，这也与芋头科技和阿里巴巴达摩院在该分支上的重点专利布局有关。技术层的机器视觉、生物识别和机器学习，以及基础层的芯片这几个分支上的专利积累量均超过了 200 件；在应用层的智慧安防分支，专利积累量超过 100 件，智慧安防应用的技术基础在于机器视觉、生物识别，这在一定程度上说明技术层与应用层相互印证。

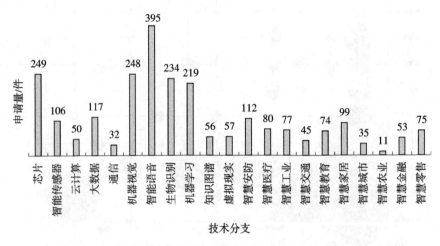

图 6-3-5　未来科技城在人工智能产业各技术分支的专利积累量

6.4　独立主体科研单位横向对比分析

6.4.1　国内独立运营研究院介绍

1. 之江实验室

之江实验室成立于 2017 年 9 月 6 日，坐落于杭州城西科创大走廊核心地带，是浙江省委、省政府深入实施创新驱动发展战略、探索新型举国体制浙江路径的重大科技创新平台。之江实验室以"打造国家战略科技力量"为目标，由浙江省人民政府主导举办，实行"一体两核多点"的运行架构，主攻智能感知、人工智能、智能网络、智能计算和智能系统五大科研方向，重点开展前沿基础研究、关键技术攻关和核心系统研发，建设大型科技基础设施和重大科研平台，抢占支撑未来智慧社会发展的智能计算战略高点。目前，之江实验室已获批牵头建设智能科学与技术浙江省实验室。

2. 鹏城实验室

鹏城实验室始建于 2018 年 3 月，总部位于广东省深圳市，是中国网络通信领域的新型科研机构，由政府主导，以哈尔滨工业大学（深圳）为依托单位，与北京大学深圳研究生院、清华大学深圳国际研究生院、深圳大学、南方科技大学、香港中文大学（深圳）、中国科学院深圳先进技术研究院、华为、中兴通讯、腾讯、国家超级计算深圳中心、中国电子信息产业集团、中国移动、中国电信、中国联通、中国航天科技集团等高校、科研院所和高科技企业等优势单位共建，主要研究方向是网络通信、网络空间和网络智能，主要使命是聚焦服务国家宽带通信和新型网络战略，服务国家粤港澳大湾区和深圳中国特色社会主义先行示范区建设。

3. 北京智源人工智能研究院

北京智源人工智能研究院（Beijing Academy of Artificial Intelligence，BAAI）是落实"北京智源行动计划"的重要举措，在科学技术部和北京市委、市政府的指导与支持下，由北京市科委和海淀区政府推动成立，是依托北京大学、清华大学、中国科学院、百度、小米、字节跳动、美团点评、旷视科技等北京人工智能领域优势单位共建的新型研发机构。在 2018年 11 月 14 日举行的 2018 中国（北京）跨国技术转移大会开幕式上，智源人工智能研究院正式揭牌。

6.4.2　年专利申请量对比

如图 6-4-1 所示，从 2019 年开始，之江实验室、鹏城实验室开始有专利申请，分别为 9 件和 4 件，北京智源人工智能研究院自 2020 年开始有专利申请，数量为 14 件。2021 年之江实验室专利申请量达到 156 件，超过了鹏程实验室和北京智源人工智能研究院专利申请量的总和，展示了其较强的科研实力。

图 6-4-1　独立主体科研单位年专利申请量对比

6.4.3　在基础层和技术层的布局对比

如图 6-4-2 所示，将人工智能领域基础层分为芯片、智能传感器、云计算、大数据和通信，在这五个维度上，之江实验室都展现了良好的专利布局申请，尤其是在芯片维度，2021 年有 28 件专利。鹏城实验室和北京智源人工智能研究院在基础层的各维度上专利布局较少，其中鹏城实验室略优于北京智源人工智能研究院。总体来说，之江实验室在基础层的专利数量以及各维度的布局均更加完善。

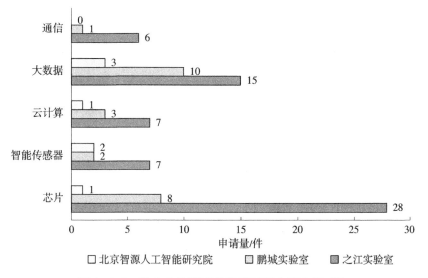

图 6-4-2　独立主体科研单位基础层专利布局对比

如图 6-4-3 所示，将人工智能领域技术层分为机器视觉、智能语音、生物识别、知识图谱和虚拟现实，在这六个维度上，之江实验室都展现了良好的专利申请布局，尤其是在机器学习、智能语音以及机器视觉这三个维度，分别有 67 件、58 件、49 件专利。同样的，鹏城实验室在上述三个维度对比其他维度来说专利布局较多，最多的是在机器视觉上，有 30 件专利；而北京智源人工智能研究院则较专注于智能语音，具有 21 件专利布局，在其他维度专利布局较少。总体来说，之江实验室在技术层的专利数量以及各维度的布局均更加完善。

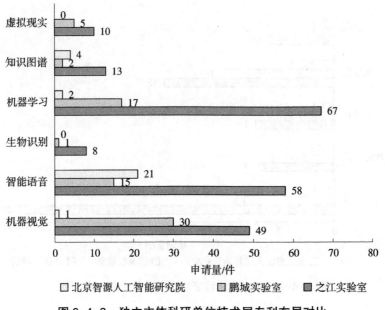

图 6-4-3　独立主体科研单位技术层专利布局对比

6.5　之江实验室专利布局分析

6.5.1　技术创新实力分析

　　图 6-5-1 所示为之江实验室专利被引用关系分析。据统计，在之江实验室的 1526 件专利中，有 432 件专利被其他申请人引用了 1154 次，主要包括被浙江大学引用 171 次，被清华大学引用 58 次，被电子科技大学引用 58 次；同时，之江实验室的专利还被一些企业引用，包括被腾讯引用 35 次，被 IBM 引用 30 次等。可见，之江实验室的专利被行业内的重要大学和重要企业频繁引用，这 432 件专利具有较强的技术实力。

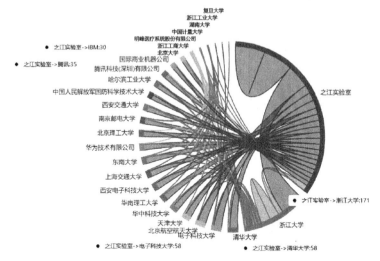

图 6-5-1　之江实验室专利被引用关系分析

6.5.2　专利保护实力分析

图 6-5-2 所示为之江实验室专利申请趋势/公开趋势分析，以及现有公开专利的类型分析。从申请趋势上看，之江实验室的专利申请从 2018 年开始，后续以倍数增长的趋势逐年增加，专利公开数量也呈逐年递增状态。从专利类型上看，发明专利占比 97%，创新度较高。

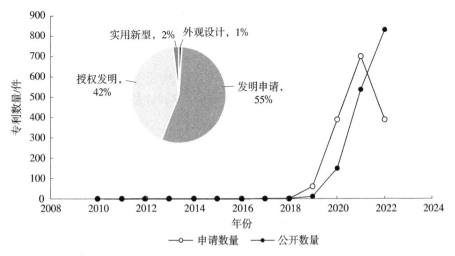

图 6-5-2　之江实验室专利申请趋势/公开趋势分析

图 6-5-3 所示为之江实验室专利分布及法律状态。从专利分布情况来看，截至 2021 年，之江实验室在中国本土的专利申请占比较高，达到 95%；其次是通过 PCT 申请途径进入国外，目前还在美国、日本和卢森堡有相关海外专利布局，由此可见，之江实验室比较注重海外专利布局。从专利法律状态来看，截至 2021 年，之江实验室有效专利占比为 45%，审中专利占比为 50%，失效专利占比为 2%，处于审查中的专利占比还是比较高的。

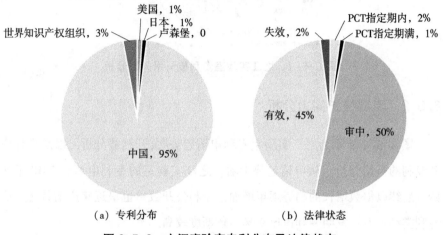

（a）专利分布　　　　　　　　　（b）法律状态

图 6-5-3　之江实验室专利分布及法律状态

6.5.3　专利运用实力分析

由表 6-5-1 可知，之江实验室目前的专利转让数量并不多，仅涉及 5 件专利的转让，转让多发生在大学之间，其中仅涉及与一家企业之间的转让，即 2021 年 12 月 1 日将一种晶圆缺陷检测系统及方法转让给中电科风华信息装备股份有限公司。由此可见，之江实验室在专利运营方面需要逐步改善，这种科研机构的专利技术需要及时与优质企业对接进行转化，帮助科研机构进行专利运营值得关注。

表 6-5-1　之江实验室专利转让数据分析

公开 (公告) 号	标题	原始申请 (专利权) 人	法律状态 /事件	转让时间	当前申请 (专利权) 人
CN111408040A	一种磁兼容的经颅电刺激装置	浙江大学	实质审查｜一案双申｜权利转移	2021/3/16	浙江大学｜之江实验室
CN112505064A	一种晶圆缺陷检测系统及方法	之江实验室｜浙江大学	实质审查｜权利转移	2021/12/1	之江实验室｜浙江大学｜中电科风华信息装备股份有限公司
CN111317475A	一种用于磁共振电流密度成像的触发切换装置	浙江大学	实质审查｜一案双申｜权利转移	2021/4/9	浙江大学｜之江实验室
CN112294260B	一种磁兼容的光学脑功能成像方法与装置	浙江大学	授权｜权利转移	2021/4/2	浙江大学｜之江实验室
CN114385481A	一种基于有界模型检验进行时延测试的软件自测试方法	之江实验室	实质审查｜权利转移	2022/8/10	之江实验室｜同济大学

6.5.4　专利撰写质量分析

图 6-5-4 分别从专利文献的页数、权利要求数量以及独立权利要求数量的维度分析之江实验室专利撰写质量。由图 6-5-4 可知，之江实验室在人工智能产业布局的专利文献页数大部分不超过 15 页，仅有 5% 左右的专利文献在 20 页以上；仅有 1 件专利申请的权利要求数量超过 10 条（专利法规定超出 10 条部分需要缴纳超额费），故 10 条是权利要求数量的分水岭，一般在申请人有特殊要求时，权利要求数量才会超出 10 条；在人工智能产业布局的专利申请中 2/3 仅有 1 条独立权利要求，18 件专利申请具有 4~5 条独立权利要求，1 件专利申请有 6 条独立权利要求。

综上所示，之江实验室在人工智能产业布局的专利申请大部分专利撰写质量不高，但也存在少数撰写质量较高的专利申请。

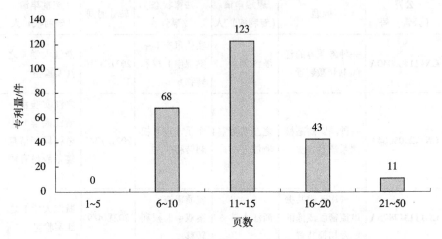

（a）文献页数区间专利分布情况

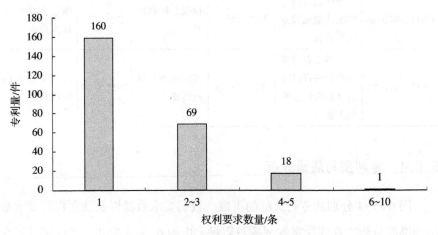

（b）权利要求数量区间专利分布情况

图6-5-4 之江实验室专利撰写质量分析

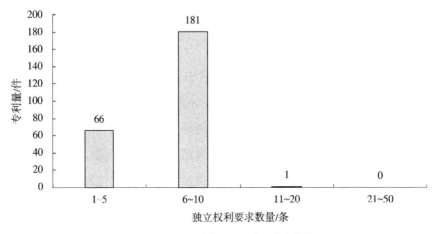

（c）独立权利要求数量区间专利分布情况

图 6-5-4　之江实验室专利撰写质量分析（续）

　　从专利引用与被引用数量的对比来看，之江实验室专利的引用数据要高于被引用数据（见图 6-5-5），在一定程度上体现了之江实验室在人工智能产业的相关专利技术非核心/基础技术；绝大部分专利申请的引用/被引用专利数量低于 10 件，仅有 1 件专利申请的被引用专利数量超过 15 件，也仅有 1 件专利申请的引用专利数量超过 15 件。这进一步说明之江实验室在人工智能产业布局的专利申请大部分技术价值不高，但也存在少数核心技术专利申请。

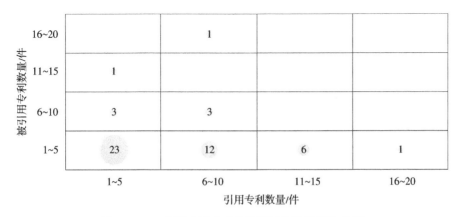

图 6-5-5　之江实验室专利引用/被引用情况分析

6.5.5　之江实验室重点专利

1. 公开号：CN111370127B，专利名称《一种基于知识图谱的跨科室慢性肾病早期诊断决策支持系统》，引用 8 件专利，被 20 件专利引用

该发明公开了一种基于知识图谱的跨科室慢性肾病早期诊断决策支持系统，包括患者信息模型建立模块、患者信息模型库存储模块、知识图谱关联模块、知识图谱推理模块和决策支持反馈模块；通过构建患者信息模型，利用 OMOP CDM 标准术语体系，将患者电子病历数据建构为概念编码统一、语义结构统一的患者信息模型；发挥语义技术在数据交互性和可扩展性上的优势，使该系统对不同医院的异构数据有较好的适应性和扩展性。同时，基于知识图谱知识推理得出的临床建议，来源均为符合循证医学的临床指南和医师经验，推理流程和建议原因通过构建推理实例可以追溯获取，从而能够在给出临床建议的同时给出推理过程和建议原因，提升医师对决策支持建议的信任度。

2. 公开号：CN112633071B，专利名称《基于数据风格解耦内容迁移的行人重识别数据域适应方法》，引用 17 件专利，被 1 件专利引用

该方法包括：步骤一，构建用于训练的数据风格解耦网络；步骤二，利用源域和目标域数据进行内容迁移；步骤三，利用源域和目标域数据，合成样本特征以及对应的标签对内容特征提取器 CE 进行训练；步骤四，训练完成后，仅保留内容特征提取器 CE 作为测试用特征提取网络。该发明利用风格迁移模型实现了对不同数据域图片的风格解耦，获得具有数据域不变性的共享内容特征空间，并在共享内容特征空间内进行内容迁移，深入挖掘源域与目标域数据之间的差异进行迁移适应，在测试应用中仅保留内容特征提取器，网络规模小，模型复杂度低，易于在实际应用场景中部署。

3. 公开号：CN112884021B，专利名称《一种面向深度神经网络可解释性的可视分析系统》，引用 9 件专利，被 6 件专利引用

该发明包括深度学习模型结构和计算过程的解释性可视化模块，揭示深度学习模型内部的网络结构和数据流的逐步计算流程；训练过程数据流的解释性可视化模块，揭示整个训练过程中数据流的统计信息；神经网络特征提取功能的解释性可视化模块，将神经元权重或神经元输出，并以可视化形式展示给用户，以解释各层神经元的特征提取能力，通过对比可视化方式，发现模型在不同时间点、不同参数等情况下的表现差异；数据异常值的解释性可视化模块，帮助用户发现数据中的异常和训练中模型参数的异常，提示用户及时暂停和修改模型参数；用户定制功能可视化模块，支持多种可视化模块在同一个页面中进行展示。

4. 公开号：CN110349652B，专利名称《一种融合结构化影像数据的医疗数据分析系统》，引用 6 件专利，被 7 件专利引用

该系统包括影像信息结构化模块、融合与预处理模块、机器学习算法模块。该发明基于 Spark 和 Hadoop 实现的分布式数据分析平台，针对医学影像数据难以和医疗电子病历中结构化数据融合分析的难点，利用影像信息结构化模块，通过计算机视觉技术分析医学影像数据并进行关键信息的结构化转化，融合电子病历系统中同一患者的其他诊断信息、人口统计学信息等结构化数据，通过数据预处理模块进行缺失值处理和分类型数据转化，结合机器学习算法模块进行数据分析和结果可视化，形成高效率的医疗数据分析系统，提高多种类、多维度医疗数据的利用率，可满足研究人员不同的课题研究需求。

6.6　未来科技城人工智能各分支增强补弱分析

如表 6-6-1 所示，在人工智能各领域中，未来科技城在芯片、智能语音、机器视觉、生物识别、机器学习上相对具有优势，上述分支的专利积

累量均超过200件，其中强势企业包括之江实验室、芋头科技（杭州）有限公司以及阿里巴巴达摩院杭州科技有限公司等。详细强势企业清单可参见附录1，其中列举的强势企业在人工智能领域具有一定的优势，可积极带动未来科技城产业发展。

未来科技城在智能传感器、大数据、智慧安防、智慧医疗、智慧工业、智慧教育、智慧家居、智慧零售领域的专利积累量为70~200件，属于上述分支的企业有杭州云小米智能科技有限公司、浙江英集动力科技有限公司、杭州云象网络技术有限公司、浙江慧居智能物联有限公司等创新能力较强的企业，此类企业组成了未来科技城的中坚力量，极具创新潜力。

未来科技城在云计算、通信、知识图谱、虚拟现实、智慧交通、智慧城市、智慧农业、智慧金融领域表现较弱，专利积累量在70件以下。为此，筛选出北京、深圳、广东、合肥等其他区域在上述领域较强的企业，包括深圳市大疆创新科技有限公司、北京达佳互联信息技术有限公司、京东方科技集团股份有限公司等，通过招商引资、项目合作等方式，推动未来科技城在人工智能领域的全面快速发展。

表 6-6-1　未来科技城优劣势领域申请人分析

优势领域： 芯片、智能语音、机器视觉、生物识别、机器学习	中间领域： 智能传感器、大数据、智慧安防、智慧医疗、智慧工业、智慧教育、智慧家居、智慧零售	弱势领域： 云计算、通信、知识图谱、虚拟现实、智慧交通、智慧城市、智慧农业、智慧金融	
之江实验室	杭州云小米智能科技有限公司	腾讯科技（深圳）有限公司	深圳
芋头科技（杭州）有限公司	浙江英集动力科技有限公司	北京百度网讯科技有限公司	北京
阿里巴巴达摩院杭州科技有限公司	杭州康晟健康管理咨询有限公司	华为技术有限公司	北京

优势领域： 芯片、智能语音、机器视觉、生物识别、机器学习	中间领域： 智能传感器、大数据、智慧安防、智慧医疗、智慧工业、智慧教育、智慧家居、智慧零售	弱势领域： 云计算、通信、知识图谱、虚拟现实、智慧交通、智慧城市、智慧农业、智慧金融	
中国移动通信集团有限公司	杭州雅观科技有限公司	平安科技（深圳）有限公司	深圳
中移（杭州）信息技术有限公司	浙江鹏信信息科技股份有限公司	深圳市大疆创新科技有限公司	深圳
杭州魔点科技有限公司	杭州云象网络技术有限公司	北京三快在线科技有限公司	北京
杭州宇泛智能科技有限公司	浙江力石科技股份有限公司	阿波罗智能技术（北京）有限公司	北京
维沃移动通信（杭州）有限公司	杭州爱尚智能家居有限公司	新石器慧通（北京）科技有限公司	北京
浙江百应科技有限公司	浙江慧居智能物联有限公司	OPPO广东移动通信有限公司	广东
浙江捷尚视觉科技有限公司	杭州数策指令科技有限公司	北京嘀嘀无限科技发展有限公司	北京
阿里巴巴集团控股有限公司	杭州逗酷软件科技有限公司	深圳前海微众银行股份有限公司	深圳
杭州晟元数据安全技术股份有限公司	杭州海创汇康科技有限公司	北京达佳互联信息技术有限公司	北京
北京深睿博联科技有限责任公司	浙江明峰智能医疗科技有限公司	平安国际智慧城市科技股份有限公司	深圳
杭州深睿博联科技有限公司	杭州比智科技有限公司	北京小米移动软件有限公司	北京
同盾控股有限公司	杭州芯欣科技有限公司	北京市商汤科技开发有限公司	北京
中电海康集团有限公司	八维（杭州）科技有限公司	深圳壹账通智能科技有限公司	深圳
杭州沃朴物联科技有限公司	杭州宗盛智能科技有限公司	京东方科技集团股份有限公司	北京

续表

优势领域： 芯片、智能语音、机器视觉、生物识别、机器学习	中间领域： 智能传感器、大数据、智慧安防、智慧医疗、智慧工业、智慧教育、智慧家居、智慧零售	弱势领域： 云计算、通信、知识图谱、虚拟现实、智慧交通、智慧城市、智慧农业、智慧金融	
浙江同花顺智能科技有限公司	杭州美界科技有限公司	广州极飞科技股份有限公司	广州
浙江香侬慧语科技有限责任公司	帷幄匠心科技（杭州）有限公司	北京智行者科技有限公司	北京
杭州鲁尔物联科技有限公司	杭州亿圣信息技术有限公司	北京明略软件系统有限公司	北京

6.7 未来科技城重要企业介绍

1. 芋头科技（杭州）有限公司

芋头科技（杭州）有限公司成立于 2014 年 7 月，总部位于杭州市，在北京和美国旧金山分别设有研发中心，是一家以技术为基础、致力于机器人领域研究、追求极致工艺和用户体验、坚持创新原则的初创公司。有别于一般创业团队的是，芋头公司还有一个科学家顾问委员会，其中包括前苹果产品全球产业链及生产负责人、中国科学院自动化研究所所长、浙江大学 CAD&CG 国家重点实验室副教授等，全部为各领域的全球行业领袖专家。该公司专注于语音交互和机器视觉领域的研发工作。Rokid 智能家居机器人在 2016 年和 2017 年连续两年获得 CES 国际消费电子产品展创新大奖；Rokid Glass 在 2018 年荣获 CES "最佳穿戴设备" 和 "科技创造美好生活" 两项大奖。

芋头科技是一家专注于人机交互技术的产品平台公司。作为行业的探索者、领跑者，其目前致力于 AR 眼镜等软硬件产品的研发及以 YodaOS-XR 操作系统为载体的生态构建。

芋头科技通过语音识别、自然语言处理、计算机视觉、光学显示、芯片平台、硬件设计等多领域研究，将先进的 AI+AR 技术与行业应用相结合，为不同垂直领域的客户提供全栈式解决方案，有效提升用户体验，助力企业增效，赋能公共安全。

芋头科技的 AI、AR 产品目前已在全球 70 余个国家和地区投入使用。

2. 阿里巴巴达摩院杭州科技有限公司

阿里巴巴达摩院即阿里巴巴全球研究院，是一家致力于探索科技未知、以人类愿景为驱动力的研究院，于 2017 年 11 月 7 日注册成立。

阿里巴巴达摩院由三大主体组成：一是在全球建设的自主研究中心，初期计划引入 100 名顶尖科学家和研究人员；二是与高校和研究机构建立联合实验室，依托高校的研究实力与阿里巴巴丰富的数据资源推动产学研合作；三是结合阿里巴巴创新研究计划，联合 13 个国家的 99 所高校科研机构、234 支科研团队，构建全球学术合作网络。

3. 杭州深睿博联科技有限公司

杭州深睿博联科技有限公司是北京深睿博联科技有限公司名下的全资子公司，公司核心团队由医疗领域资深从业人员以及来自国内外知名院校的博士和高级科研人员组成。企业名下品牌有深睿医疗，致力于深耕智慧医疗领域，通过突破性的人工智能技术及自主研发的核心算法，为国内外医疗服务机构提供人工智能和互联网医疗解决方案，深睿医疗云集了人工智能、互联网云计算、医学影像等多个领域的专业人才。

第7章　总结及建议

7.1　总结

7.1.1　浙江省人工智能产业蓬勃发展，区域竞争力稳步提升

自 2015 年起，在政策与资本双重力量的推动下，我国人工智能产业发展迅速，目前我国人工智能产业正从发展期向成熟期过渡。从调研情况来看，我国人工智能发展主要集中于长三角、珠三角、京津冀地区。截至 2021 年年底，广东省人工智能企业数量为 2254 家，占全国人工智能企业数量的 15.30%，在全国主要省（区、市）中居于首位；江苏省人工智能企业数量为 1659 家，占比 11.26%，位居全国主要省（区、市）第二；上海市、浙江省、北京市人工智能企业数量分别为 1103 家、1076 家、967 家，分别占全国人工智能企业数量的 7.49%、7.30%、5.56%。从人工智能产业专利数量前十省份的专利数量来看，广东省遥遥领先，达到了 92715 件，其次是北京市 77584 件，再者是江苏省 40382 件、上海市 28626 件、浙江省 28041 件。从全国主要省（区、市）的企业数量和专利申请量综合对比可知，当前广东省人工智能产业的发展走在全国前列，紧接其后的为江苏、北京、上海、浙江等地，浙江省人工智能科技产业区域发展竞争力已稳居全国第一梯队。

7.1.2 浙江省人工智能产业布局均衡，已基本覆盖全产业链

从产业链发展情况来看，浙江省人工智能产业领域基本覆盖了基础层、技术层和应用层三个层面，由专利申请情况可知，当前浙江省人工智能产业布局主要领域涉及基础层的 AI 芯片、智能传感器、大数据等，技术层的机器视觉、机器学习、智能语音、生物识别等。浙江省已形成从基础层、技术层到行业智能化应用的完整产业链，与安防、医疗、工业、交通、教育、金融、零售等各行业融合发展，在多个应用领域形成了一定的先发优势。以海康威视、大华股份等领军企业为代表的智能安防领域更是走在全球前列，占领了全球 30% 以上的市场；阿里巴巴、蚂蚁集团专注云计算、大数据、智能语音、机器学习等多个技术领域，在智慧金融、智慧零售等多个领域独占鳌头。在基础创新方面，浙江大学、之江实验室等科研院校和领军型企业引领人工智能理论与技术创新方向，吸引和集聚了基础研究和核心技术开发方面的创新资源，在机器视觉、智能语音、机器学习、云计算、大数据等领域形成了领先优势。

7.1.3 杭州市综合竞争力居全国前列，已形成产业集聚态势

杭州市具有良好的信息技术基础和人才梯队，加之政策上的支持，为人工智能科技企业的发展提供了有利条件。从类型上看，杭州市的人工智能企业覆盖了人工智能产业链的各个环节，在大规模企业集聚的同时体现了人工智能创新的多样性，目前形成了以阿里巴巴、网易、海康威视、大华股份等 IT 巨头为核心，众多初创型企业与人工智能平台集聚的格局。从浙江省人工智能企业及专利申请情况来看，浙江省人工智能发展主要集中于杭州市，遥遥领先于其他地市。截至 2021 年，杭州市人工智能企业数量为 704 家，占浙江省人工智能企业数量的 65.43%，杭州市人工智能专利申请量约占浙江省专利申请总量的 76%，稳居浙江第一。杭州市人工智能产业展现出较为明显的地区集聚性，从企业地区分布看，杭州市人工智能企

业主要集聚在余杭区、滨江区和西湖区，企业数量占比分别为 28.02%、25.17%、22.15%，初步形成了以城西科创大走廊、萧山及滨江区双核集聚，余杭区、西湖区、钱塘区、临安区、上城区、拱墅区、富阳区等多点布局的态势，力求打造人工智能科创高地。

7.1.4 未来科技城人工智能企业集聚，多主体协同创新发展

近年来，未来科技城持续发展，在企查查数据统计，截至 2021 年年底，余杭区人工智能企业为 168 家，其中位于未来科技城的人工智能企业为 155 家，占比高达 92%。从未来科技城人工智能专利申请趋势来看，自 2010 年未来科技城成立以来，其人工智能专利申请量逐年上升，自 2014 年开始，专利申请量呈现爆发式增长。由专利申请主体情况可知，申请主体不再局限于单一的企业，科研单位及高校的专利申请量也明显增多，尤其是由浙江省政府、浙江大学、阿里巴巴集团共同打造的之江实验室，在 AI 芯片、云计算、网络通信、机器视觉、机器学习等人工智能领域的专利布局量已遥遥领先于未来科技城内的其他企业。

7.1.5 头部企业及高校为创新主力军，缺乏中小型企业力量

通过对人工智能专利申请人以及各分支专利布局进行分析，可知未来科技城内创新创造主要依靠之江实验室、阿里巴巴达摩院的带领。其中，之江实验室是由浙江省人民政府、浙江大学、阿里巴巴集团共同建设；阿里巴巴达摩院由三大主体组成：一是在全球建设的自主研究中心，二是与高校和研究机构建立的联合实验室，三是全球开放研究项目——阿里巴巴创新研究计划（AIR 计划）。可见起创新带动作用的主要是龙头企业、阿里巴巴以及高校的科研资源，而缺乏中小型科创企业的加入。

7.2 建议

7.2.1 发挥龙头企业引领作用，打造产业集聚发展高地

尽管在政策加持下，近几年浙江省的人工智能企业数量加速增长，但从专利数量及龙头企业数量来看，与广东、北京、上海相比，其技术积累、核心竞争力较弱，在全国人工智能产业头部专利申请人前20名中，仅有浙江大学和阿里巴巴上榜。当前未来科技城内，人工智能专利申请主要集中于之江实验室、中移（杭州）、杭州师范大学等科研院所和研发机构，人工智能领域相关企业如芋头科技、宇泛智能、同盾控股等专利布局较少，企业核心竞争力较弱。未来科技城应加大对区域内重点企业的政策扶持力度，借助人工智能小镇、城西科创大走廊及杭州市人工智能产业集聚优势，重点培育行业领军企业，优化企业梯队，从空间供给、资源导入到运营服务等各方面都采取新的理念、手段，给予企业良好的发展空间及帮助。

7.2.2 推动产学研政协同发展，培育独特性创新竞争力

城西科创大走廊是杭州市人工智能产业技术创新发展主引擎，具备国际级水准定位，是国家级科技创新策源地、浙江省人工智能产业创新发展主导动力源、杭州市科技创新资源重要聚集地，在产业基础、人才优势、政策力度等方面均具备综合优势。未来科技城作为杭州市城西科创大走廊的核心区，应充分发挥区域优势，在企业、科研单位、高校日益发展的情况下，深挖浙江大学、阿里巴巴两座"金矿"，全力以赴推进与浙江大学和阿里巴巴的战略合作，积极引导企业开展科技研发，使众多科技型企业成为散布在未来科技城各个角落的创新载体。以之江实验室、阿里巴巴达摩院等新型研发机构为样本，围绕院校与龙头企业打造新型产学研创新

圈，在项目组织、人才集聚、激励评价、资源共享、多元化投入等方面开展全方位的探索与创新，持续走独具特色的发展道路。

7.2.3 大力推动专利成果转化，促进人工智能应用落地

从专利分布情况来看，浙江省人工智能产业在一级技术分支中的占比与全国数据接近，具体是基础层 34%、技术层 41%、应用层 25%，当前专利申请主要集中于技术层，其次是基础层和应用层，且其人工智能专利申请量主要依赖浙江大学和阿里巴巴。由专利情况可知，当前浙江省、杭州市的人工智能核心技术主要掌握在科研院所和龙头企业手中，虽然当前杭州市人工智能企业规模逐步扩大，但大多是初创型企业，在核心技术上的竞争力不足。为了充分发挥核心专利价值，推动人工智能产业发展，应建立健全科技成果转化激励机制，全面落实科技成果转化奖励、股权分红激励、所得税延期缴纳等政策措施，推动科技成果从技术层面向产业化转移；充分发挥龙头企业的引领效应，加强产学研合作，加快推动龙头企业技术转化，辐射带动初创企业应用发展，推动新一代人工智能场景广泛落地。

7.2.4 大力开展人才"引育留"，持续激发科技创新活力

人工智能领域的竞争是顶级人才的竞争，技术创新和应用落地是引领人工智能发展的主要动力，随着《中国制造 2025》《新一代人工智能发展规划》《加强"从 0 到 1"基础研究工作方案》等的提出，我国人工智能产业和人才队伍建设正在加速发展。杭州市未来科技城作为国家级海外高层次人才创业创新基地，一直秉承"人才科技资源充分集聚、人才体制机制充满活力、人才公共服务便利优质、人才创业创新高度活跃"的理念建设人才特区。之江实验室、杭州师范大学和浙江大学等高校及科研机构，给未来科技城带来了丰富的人才储备、技术基础、创新氛围，具有较好的产学研合作基础，能够更加容易地实现高端才智汇集。未来科技城应当厚

植这片科研沃土，在国家增设高校人工智能专业的背景下，完善人才发展政策，加大人才和团队引进培养力度，完善人才创业扶持政策，优化人才服务保障措施。

7.2.5 积极学习融合多方经验，探索新型多元合作方式

为了提升未来科技城的创新能力以及创新主体的多样性，建议未来科技城融合多方经验，探索与不同体量企业的多元合作方式。

可借鉴"华为昇腾万里伙伴计划"，该计划是基于华为昇腾芯片的 Atlas 人工智能计算平台推出的一项合作伙伴计划，旨在促进将更多的合作伙伴产品和方案适配到 Atlas 人工智能计算平台上，并和华为共建昇腾生态，华为向合作伙伴提供培训、技术、营销和市场的全面支持。进一步加强未来科技城内头部企业与中小型科创企业的合作，促进头部企业带动中小型科创企业的创新发展。

亦可借鉴腾讯在成都设立腾讯人工智能科创联合体并联合高校成立人工智能科教联盟，该项目是基于腾讯人工智能实验室（AI Lab）携手《王者荣耀》联合建设的"开悟"训练平台，该平台的建立结合了企业的特色产业，为科研人员提供技术与资源支持，保证大家在人工智能研究训练时所需要的大规模运算。未来科技城可以寻找与自身现有资源相契合的具有特色产业的企业，进一步增强未来科技城内的创新领头力量。

附　　录

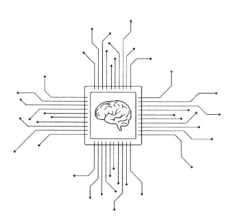

附录1 浙江省人工智能产业强势企业清单

序号	企业名称
1	之江实验室
2	芋头科技（杭州）有限公司
3	阿里巴巴达摩院杭州科技有限公司
4	中国移动通信集团有限公司
5	中移（杭州）信息技术有限公司
6	杭州魔点科技有限公司
7	杭州宇泛智能科技有限公司
8	维沃移动通信（杭州）有限公司
9	浙江百应科技有限公司
10	浙江捷尚视觉科技股份有限公司
11	阿里巴巴集团控股有限公司
12	杭州晟元数据安全技术股份有限公司
13	杭州深睿博联科技有限公司
14	同盾控股有限公司
15	中电海康集团有限公司
16	杭州沃朴物联科技有限公司

续表

序号	企业名称
17	浙江同花顺智能科技有限公司
18	浙江香侬慧语科技有限责任公司
19	杭州鲁尔物联科技有限公司
20	杭州思看科技有限公司
21	杭州摸象大数据科技有限公司
22	浙江诺尔康神经电子科技股份有限公司
23	杭州叙简科技股份有限公司
24	浙江天猫技术有限公司
25	浙江核新同花顺网络信息股份有限公司
26	浙江大搜车软件技术有限公司
27	杭州精通科技有限公司
28	阿里健康科技（杭州）有限公司
29	共道网络科技有限公司
30	同盾科技有限公司
31	杭州喔影网络科技有限公司
32	浙江思考者科技有限公司
33	淘然视界（杭州）科技有限公司
34	杭州迪英加科技有限公司
35	视睿（杭州）信息科技有限公司
36	杭州诺田智能科技有限公司
37	杭州蓝芯科技有限公司
38	杭州加速科技有限公司
39	杭州知存智能科技有限公司

附录2　浙江省人工智能产业补弱企业清单

序号	企业名称	地点
1	腾讯科技（深圳）有限公司	深圳
2	北京百度网讯科技有限公司	北京
3	华为技术有限公司	北京
4	平安科技（深圳）有限公司	深圳
5	深圳市大疆创新科技有限公司	深圳
6	北京三快在线科技有限公司	北京
7	阿波罗智能技术（北京）有限公司	北京
8	新石器慧通（北京）科技有限公司	北京
9	OPPO广东移动通信有限公司	广东
10	北京嘀嘀无限科技发展有限公司	北京
11	深圳前海微众银行股份有限公司	深圳
12	北京达佳互联信息技术有限公司	北京
13	平安国际智慧城市科技股份有限公司	深圳
14	北京小米移动软件有限公司	北京
15	北京市商汤科技开发有限公司	北京
16	深圳壹账通智能科技有限公司	深圳

续表

序号	企业名称	地点
17	京东方科技集团股份有限公司	北京
18	广州极飞科技股份有限公司	广州
19	北京智行者科技股份有限公司	北京
20	北京明略软件系统有限公司	北京
21	珠海联云科技有限公司	珠海
22	北京光年无限科技有限公司	北京
23	北京国双科技有限公司	北京
24	深圳追一科技有限公司	深圳
25	海信集团有限公司	青岛
26	科大讯飞股份有限公司	合肥
27	云知声智能科技股份有限公司	北京

附录3　浙江省建议引进或进行专家库构建的人才清单

分类	美国/加拿大		日本		欧洲		韩国	
	姓名	单位或组织	姓名	单位或组织	姓名	单位或组织	姓名	单位或组织
国际人才	Yoshua Bengio（加拿大）	蒙特利尔大学	村田真树	独立行政法人情报通信研究机构	Pascal Fua	洛桑联邦理工学院	Kim Kye-Hyeon	斯特拉德视觉公司
	Trevor Darrell（美国）	加州大学伯克利分校	甲斐绚介	三菱物捷仕株式会社	Kajetan Berling-er	博医来股份公司	박강령	东国大学校产学协力团
	Corville O. Allen（美国）	IBM	得地贤吾	富士施乐株式会社	Yann LeCun	纽约大学	노용만	韩国科学技术院
	James E. Bostick（美国）	IBM	川上量生	多玩国	Diego Calv-anese	博岑-博尔扎诺自由大学	이근배	浦项工科大学校产学协力团

续表

分类	美国/加拿大		日本		欧洲		韩国	
	姓名	单位或组织	姓名	单位或组织	姓名	单位或组织	姓名	单位或组织
国际人才	Sairamesh Nammi (美国)	爱立信	安藤丹一	欧姆龙株式会社	Giuseppe De Giacomo	罗马大学	최우식	Deep Noid CO LTD
	Paul R. Bastide (美国)	IBM	松田晃一	索尼公司	Domenico Lembo	罗马大学	이민호	庆北大学校产学协力团
	Aaron K. Baughman (美国)	IBM	东中竜一郎	日本电信电话株式会社	Maurizio Lenzerini	罗马大学	김원태	JLK Inspectio
	Jean-Philippe Vasseur (美国)	思科技术公司	小竹大辅	佳能株式会社	Riccardo Rosati	罗马大学	이지형	成均馆大学校产学协力团
	Eric J. Horvitz (美国)	微软技术许可有限责任公司	铃木润	日本电信电话株式会社	Ulrich Junker	IBM	윤종필	韩国生产技术研究院
	Donna K. Byron (美国)	IBM	小林由幸	索尼公司	Vidal Alcazar	马德里卡洛斯三世大学	예종철	韩国科学技术院

分类	美国/加拿大		日本		欧洲		韩国	
	姓名	单位或组织	姓名	单位或组织	姓名	单位或组织	姓名	单位或组织
国际人才	Michel K. Bowman-Amuah（美国）	埃森哲环球服务有限公司	川野洋	日本电信电话株式会社	Babak Forutan Pour	高通股份有限公司	서일홍	汉阳大学校产学协力团
	Venson Shaw（美国）	AT&T 知识产权一部有限合伙公司	冨山哲男	京瓷办公信息系统株式会社	Tapio Tyni	通力股份公司	박효선	延世大学校产学协力团
	Louis B. Rosenberg（美国）	伊梅森公司	菅谷俊二	OPTIM株式会社	Frank Maggiore	德国赛多利斯公司	이승룡	庆熙大学校产学协力团
	Prem Melville（美国）	得克萨斯大学奥斯汀分校	佐藤清秀	佳能株式会社	Andreas Keller	蜂鸟诊断有限责任公司	정성욱	三星电子株式会社
	Raymond J. Mooney（美国）	得克萨斯大学奥斯汀分校	笠原俊一	索尼公司	Avi Turgeman	Bio Catch LTD.	한진우	国防科学研究所

分类	企业人才				高校人才			
	姓名	单位或组织	姓名	单位或组织	姓名	单位或组织	姓名	单位或组织
国内人才	王海峰	北京百度网讯科技有限公司	何恺明	Facebook AI Research	焦李成	西安电子科技大学	周博磊	UCLA助理教授

续表

分类	企业人才				高校人才			
	姓名	单位或组织	姓名	单位或组织	姓名	单位或组织	姓名	单位或组织
国内人才	王晓刚	商汤研究院	李沐	AWS 主任科学家	戴琼海	清华大学	韩松	MIT 助理教授
	田忠博	旷视研究院	周伯文	京东集团	王耀南	湖南大学	朱俊彦	CMU 助理教授
	陈雨强	第四范式联合创始人	陈岩	OPPO 广东移动通信有限公司	黄高	清华大学	王威廉	UCSB 助理教授
	杨强	深圳前海微众银行股份有限公司	张德兆	北京智行者科技股份有限公司	汤晓鸥	香港中文大学	陈丹琦	普林斯顿大学助理教授
	肖京	平安集团首席科学家	张祥雨	旷视研究院	李学龙	西北工业大学	罗宇男	伊利诺伊大学香槟分校
	贾佳亚	思谋科技	张海平	OPPO 广东移动通信有限公司	曹进德	东南大学	李永露	上海交通大学
	陶大程	京东探索研究院	陈志军	小米科技有限责任公司	张化光	东北大学	周志华	南京大学
	颜水成	Shopee	淦创	IBM 全球研究院	刘德荣	广东工业大学	陈雷	香港科技大学
	吴信东	明略科技集团首席科学家	孟怀宇	曦智科技	聂飞平	西北工业大学	曾志刚	华中科技大学

部分人才介绍

分类	姓名	人才介绍
国际人才	约书亚·本吉奥（Yoshua Bengio）	蒙特利尔大学终身教授，蒙特利尔大学机器学习研究所（MI-LA）负责人，加拿大统计学习算法学会主席；研究工作主要聚焦在高级机器学习方面，致力于用其解决人工智能问题，也研究深度学习
	特雷弗·达雷尔（Trevor Darrell）	加州大学伯克利分校教师；创立并共同领导伯克利人工智能研究（BAIR）实验室、伯克利 DeepDrive（BDD）工业联盟。其团队开发了用于大规模感知学习的算法，包括对象活动的识别和检测，适用于各种应用，包括自动驾驶汽车、媒体搜索，以及与机器人和移动设备的多模态交互。研究领域包括计算机视觉、机器学习、自然语言处理和基于感知的人机界面
	帕斯卡尔·富阿（Pascal Fua）	于 1996 年加入瑞士洛桑联邦理工学院（EPFL），现为计算机与通信科学学院教授，并领导计算机视觉实验室，也是 IEEE 院士，曾担任 IEEE 期刊《模式分析和机器智能学报》副主编。研究领域包括形状建模和图像运动恢复、显微镜图像分析和增强现实等
国内企业人才	王海峰	国际计算机语言学学会（ACL）首位华人主席、ACL 亚太分会创始主席，IEEE、CAAI 及国际欧亚科学院院士，并在多个国际学术组织、国际会议、国际期刊兼任各类职务。现任百度首席技术官、深度学习技术及应用国家工程研究中心主任，主要进行自然语言处理方向的研究
	何恺明	现为 Facebook AI Research（FAIR）的科学家，曾在微软亚洲研究院（MSRA）工作；是 2018 年 PAMI 青年研究者奖、CVPR 2009 最佳论文奖、CVPR 2016 最佳论文奖、ICCV 2017 最佳学生论文奖、ICCV 2017 最佳学生论文奖、ECCV 2018 最佳论文荣誉奖、CVPR 2021 最佳论文奖的获得者。主要研究领域为计算机视觉和深度学习
	王晓刚	现任商汤研究院院长、香港中文大学电子工程系副教授，担任 2011 年和 2015 年 IEEE 国际计算机视觉会议（ICCV）、2014 年和 2016 年欧洲计算机视觉会议（ECCV）、2014 年和 2016 年亚洲计算机视觉会议（ACCV）的领域主席。研究领域包括深度学习和计算机视觉

分类	姓名	人才介绍
国内院校人才	焦李成	现任西安电子科技大学杰出教授、计算机科学与技术学部主任、人工智能研究院院长等职，IEEE 高级会员、中国人工智能学会常务理事、中国神经网络委员会委员、中国计算机学会 AI 与模式识别委员会委员、中国运筹学会智能计算委员会副主任、国家"863"计算智能计算机软科学战略组成员。主要研究方向是智能感知与计算、图像理解与目标识别、深度学习与类脑计算；其署名的人工智能相关专利文献超过 500 篇
	戴琼海	中国工程院院士，北京信息科学与技术国家研究中心主任，清华大学信息科学与技术学院院长、脑与认知科学研究院院长，中国人工智能学会理事长；长期致力于立体视觉、计算摄像学和人工智能等领域的基础理论与关键技术创新，近年来主要从事国际交叉前沿——脑科学与新一代人工智能理论的研究，包括多维多尺度计算摄像仪器、光电认知计算的理论架构、算法与芯片等
	王耀南	中国工程院院士，机器人技术与智能控制专家，湖南大学教授、博士生导师，现任机器人视觉感知与控制技术国家工程实验室主任等职；长期从事智能机器感知与控制技术研究，主攻智能机器人控制、机器视觉感知与图像处理、智能制造装备测控技术、智能电动车控制技术、机械电力工业自动化控制系统等方面的教学和科研工作

附录 4　技术分解及检索式

一级分支	二级分支	三级分支	四级分支	五级分支	总检索式
人工智能	基础层	芯片	GPU	GPU FPGA ASIC	（（（（（TAC:（（（三维 OR 立体 OR 3D OR 场景）AND（建模 OR 构图 OR 建立模型 OR 构建模型 OR 搭建））OR 虚拟模型 OR 场景展示）OR TAC:（（（声音 OR 音频 OR 声源 OR 音效）AND（沉浸 OR 环绕 OR 立体 OR 3D OR 全景））OR 全景声）OR TAC:（（（三维 OR 立体 OR 3D OR 场景 OR 环境）AND（显示 OR 显现 OR 展现 OR 展示））OR 全息）OR TAC:（（（运动 OR 动作 OR 表情 OR 手势）AND（识别 OR 捕捉 OR 提取 OR 追踪 OR 检测））OR 交互）AND TACD:（虚拟现实 OR VR OR 增强现实 OR 虚拟场景 OR 混合现实 OR 虚拟交互））OR（TAC:（（识别 OR 提取 OR 获取 OR 抽取）AND（实体 OR 语义 OR 关系 OR 属性））OR（TAC:（（消歧 OR 合并 OR 融合 OR 对齐 OR 消除）AND（实体 OR 知识 OR 语义 OR 歧义）OR 嵌入模型 OR 训练数据））OR（TAC:（（知识 OR 图结构 OR 统计规则 OR 神经网络 OR 混合 OR 语义 OR 概率逻辑 OR 实体向量）AND（推理 OR 建模））OR（质量评估 OR 数据融合）））AND TACD:（知识图谱））OR（TAC:（分类 OR 聚类方法 OR 回归方法 OR 关联规则 OR 协同过滤法 OR 特征降维 OR 深度置信网络 OR 卷积神经网络 OR 受限玻尔兹曼机 OR 循环神经网络 OR 监督学习 OR 无监督学习 OR 半监督学习 OR 强化学习 OR 迁移学习 OR 主动学习 OR 演化学习）AND TACD:（机器学习 OR 深度学习）AND
			FPGA		
			ASIC		
		智能传感器	信号处理	信号调理 放大滤波 控制 数字处理 数字信号 处理 数字滤波	
			双向通信	双向通信 双向通讯 数据 交互 交互通信	
			自校准	自校准 自动校准 自校正 用户自定义	
		云计算	虚拟化技术	虚拟化技术 硬件虚拟化 虚拟机 容器	
			数据储存管理技术	三副本 数据压缩 结构化 数据 分布式 擦除码技术	
			资源/平台管理	数据存储 OR 数据储存 OR 资源管理 OR 配置管理 OR 平台管理	
			信息安全调查	网络计算机信息	

续表

一级分支	总检索式	二级分支	三级分支	四级分支	五级分支
人工智能	(TACD:(人工智能 OR AI) OR SEIC:(人工智能)) OR (TAC:(瞳孔识别 OR 虹膜识别 OR 眼球追踪 OR 瞳孔定位 OR 虹膜定位 OR 人眼定位 OR 眼睛定位 OR 人眼识别 OR 虹膜提取 OR 人脸检测 OR 人脸关键点检测 OR 人脸对齐 OR 人脸特征提取 OR 人脸比对 OR 人脸识别 OR 面部识别 OR 人像识别 OR 人脸检测 OR 脸部识别 OR 人脸采集 OR (手 OR 掌 OR 指) $PRE2 纹) OR ((静脉 OR 血管)) AND (采集 OR 质量评估 OR 图像预处理 OR 特征提取和编码 OR 模式匹配)) AND TACD:(识别)) AND (TACD:(人工智能 OR AI) OR SEIC:(人工智能)) AND TTL:(方法 OR 系统 OR 方式 OR 操作 OR 程序)) OR (((TAC:(((语音 OR 语音 OR 语义) $W2 识别) AND (预处理 OR 数字化 OR 反混叠滤波 OR 采样 OR A/D 转换 OR 端点检测 OR 去噪 OR 静音切除 OR VAD OR 主动降噪 OR ANC OR 分帧 OR 加窗 OR 预加重) OR ((声学 $SEN 提取) AND (基频特征 OR 基音周期 OR 共振峰 OR 梅尔倒谱系数 OR MFCC OR 线性预测系数 OR LPC OR 感知加权预测系数 OR PLP OR 线性预测倒谱系数 OR LPCC)) OR ((声学 $SEN 模型 $SEN 训练) AND (匹配 OR 矢量量化 OR 动态时间规整 OR DTW OR 概率 OR 隐马尔科夫模型 OR GMM OR 隐混合模型	基础层	大数据	大数据采集	数据爬取 OR 数据收集 OR 数据采集 OR 高速数据全映像
				大数据预处理	数据辨析 OR 数据抽取 OR 数据清洗
				大数据存储及管理	分布式存储 OR 数据存储介质
				大数据分析及挖掘	关联规则 分类 聚类 决策树 序列模式
		技术层	通信	基站	基站 移动站 中继站 无线终端
				网络架构	网络架构 扁平化网络 分布式架构 混合网络
				光网络	光网络 光传输网络 光通信网络 光接入网 光传送网
			机器视觉	图像增强	空域图像增强 OR 频域图像增强

续表

一级分支	总检索式	二级分支	三级分支	四级分支	五级分支
人工智能	夫模型 OR HMM OR 分类 OR SVM OR 支持向量机 OR 人工神经网络 OR ANN OR 深度神经网络 OR DNN) OR (语言 $SEN 模型 $SEN 训练)) OR ((语音 $W5 解码)) AND (校正 OR 自适应 OR 匹配))) OR (TAC:((自然 $SEN 语言 $SEN 处理) OR (自然 $SEN 语言 $SEN 理解) OR (自然 $SEN 语言 $SEN 生成) OR (TAC:((对话) AND ((习惯 OR 历史记录 OR 偏好 OR 默认 OR 约定) OR (对话 (上下文 $SEN (补充 OR 搜索 OR 筛选))) OR ((对话 AND 决策) $SEN 决策) AND (意图 OR 语义) OR ((意图 OR 语义) $SEN 顺序 OR 排序))) OR (TAC:((语音 OR 语义 OR 语义) $SEN 合成)) AND TACD:(文本 $SEN 合成)) AND TACD:(文本 AND 决策) AND (意图分发 OR 顺序 OR 排序))) OR (TAC:(文本 转音素 OR 音频切分 OR 分词 OR 词性预测 OR 多音字处理 OR 韵律预测 OR 情感分析 OR 拼接 OR 单元挑选 OR 波形 拼接 OR 语音声学特征 OR 时长信息 OR 参数提取 OR 参数 合成) AND (TACD:((人工智能 OR AI) OR SEIC:((人工智能 合成 OR 声码器 OR 端到端 OR 文本特征 OR 语音建 模)) AND (TACD:((人工智能 OR AI) OR SEIC:((人工智 能))) OR (((TAC:((图像 $W0 (去噪 OR 平滑 OR 增强 OR 锐化 OR 雨化 OR 降噪)) OR (算法 $W2 (点运算 OR 邻域 OR 空域)) OR ((TAC:(分割 $W0 (图像 OR 阈值 OR 邻域 OR 空域)) OR ((TAC:(分割 $W0 (图像 OR 阈值	技术层	机器视觉	图像分割	阈值分割 OR 提取连通区域 OR 亚像素精度分割 OR 区域分割 OR 边缘提取
				形态学分析	区域形态学 OR 灰度形态学
				图像配准	像素配准 OR 特征配准 OR 模型配准
				特性提取	兴趣点提取 OR 直线提取 OR 圆弧提取
				图像融合	像素级融合 OR 特征级融合 OR 决策级融合
				三维重构	接触式 OR 主动视觉 OR 被动视觉
			智能语音	语音识别	降噪 OR 特征提取 OR 声学模型 OR 语言模型 OR 解码 OR 置信度

一级分支	二级分支	三级分支	四级分支	五级分支	总检索式
人工智能	技术层	智能语音	自然语言处理	语义分析 OR 语料库 OR 自然语言生产	OR 区域 OR 边缘 OR 超像素 OR 自适应 OR 模糊)) OR 聚类分析 OR 基因编码 OR 小波变换) AND TACD:(图像分割 $FREQ2)) OR (TAC:(形态学 $FREQ2) OR 反转形态 OR 中继形态) OR (TAC:((配准 OR 匹配) $W3 (图像 OR 像素 OR 体素 OR 灰度信息 OR 相似度))) OR ((TAC:(特征提取 $FREQ2) OR TAC:(提取特征 $FREQ2) AND TAC:(边缘 OR 轮廓 OR 形状 OR 纹理 OR 点 OR 线 OR 面 OR 颜色 OR 脊 OR 角 OR 灰度 OR 矩 OR 均值 OR 方差 OR 峰度 OR 熵 OR 几阶 OR 代数 OR 变换)) OR (TAC:(图像 $SEN 融合) AND TACD:(加权平均 OR 金字塔 OR 金字塔 OR 梯度 域 OR 结构变形)) OR (TAC:((三维 $SEN 重建) OR (三维 $SEN 重建)) AND TACD:(纹理恢复 OR 阴影恢复 OR 立体视觉 OR 莫尔条纹 OR 飞行时间 OR 结构光 OR 三角测距))) AND (TACD:(机器视觉 OR 计算机视觉) OR TTC:(机器视觉 OR 计算机视觉)))) OR ((((TACD:(应用 $FREQ4) AND TAC:(监控 OR 防盗 OR 预警 OR 门禁 OR 安保 OR 安防)) OR (TAC:((手术 OR 外科 OR 微创 OR 诊治 OR 诊疗 OR 会诊 OR 护理 OR 看护 OR 智能 OR 数字化 OR 诊断 OR 转诊 OR 健康) AND (智能 OR 数字化 OR 智慧 OR 数据)) AND TACD:(医))
			对话管理	对话状态维护 OR 系统决策生成	
			语音合成	声纹模拟 OR 文字转换	
		生物识别	虹膜识别	虹膜定位 OR 虹膜图像归一化 OR 图像增强	
			人脸识别	人脸检测 OR 人脸关键点检测 OR 人脸对齐 OR 人脸特征提取 OR 人脸比对	
			指纹/掌纹识别	分割 OR CNN 训练 OR 特征提取 OR 分类和匹配 OR 融合	
			静脉识别	静脉采集 OR 质量评估 OR 图像预处理 OR 特征提取和编码 OR 模式匹配	

一级分支	总检索式	二级分支	三级分支	四级分支	五级分支
人工智能	OR（TAC:（数字孪生 OR 数字分身 OR 数字双生 OR（工业 $PRE5 物联网）OR 运营管理 OR 运营 OR（（生产 OR 流程 OR 经营 OR 安全 OR 设备 OR 供应链 OR（业务流程）$SEN（可视化 OR 数据采集 OR 监控 OR 数据化 OR 智能化 OR 统计））AND TACD:（工业 OR 工厂 OR 车间 OR 厂房 OR 自主企业 OR 加工厂 OR 工程））OR（TAC:（自动驾驶 OR 自主驾驶 OR 无人驾驶 OR 辅助驾驶 OR 智能驾驶 OR 自动泊车 OR 自适应巡航 OR 自主泊车 OR 智能车辆 OR 网约车 OR 共享汽车 OR 派单系统 OR 车辆租赁 OR 车辆调度 OR 汽车金融 OR 路径规划））OR（TAC:（搜题 OR 题库 OR 图书馆 OR 网课 OR（（交互 OR 云 OR 云上 OR 在线 OR 网络 OR 数字共享 OR 移动 OR 系统 OR 管理）（教育 OR 教学 OR 课堂 OR 授课 OR 上课 OR 学习）））OR（TAC:（家电 OR 家居 OR 家具）$SEN（智能 OR 数字化 OR 物联）））OR（TAC:（城市大脑 OR（（智能 OR 智慧 OR 智能 OR 事件管理 OR 可视化 OR 便捷化 OR 云服务 OR（资源 $SEN 整合）AND（城市 OR 城建 OR 景区 OR 市区 OR 社区 OR 城镇 OR 城区 OR 园区 OR 县乡）））OR TA:（农业 OR 灌溉 OR 养殖 OR 种植 OR 培育）））OR（TAC:（（数据采集 OR 计算引擎 OR 数据挖掘 OR 决策引擎 OR 支付 OR 客服 OR 征信 OR 风控 OR ATM OR 反	技术层	机器学习	传统机器学习	分类方法 OR 聚类方法 OR 回归方法 OR 关联规则 OR 协同过滤 OR 特征降维
				深度学习	深度置信网络 OR 卷积神经网络 OR 受限玻尔兹曼机 OR 循环神经网络
					监督学习 OR 无监督学习 OR 半监督学习 OR 强化学习
				其他机器学习	迁移学习 OR 主动学习 OR 演化学习
			知识图谱	知识抽取	实体抽取 OR 关系抽取和属性抽取 实体抽取 实体获取识别
				知识融合	体消歧、实体对齐和知识合并

155

续表

一级分支	总检索式	二级分支	三级分支	四级分支	五级分支
人工智能	洗钱 OR 反欺诈 OR 运营 OR 营销)) AND TACD:(金融 OR 银行 OR 基金 OR 信托 OR 保险)) OR TAC:((经营 OR 销售 OR 消费 OR 客户 OR 支付 OR 订单 OR 账单 OR 购物) AND(数据 OR 信息 OR 记录 OR 整合 OR 分析 OR 智能 OR 智慧 OR 管理)) AND TACD:(零售 OR 购物导航 OR 反向寻车 OR 购物体验 OR 增强顾客 OR((客群 OR 客流 OR 客户 OR 顾客)$SEN(分析 OR 分类)))) OR ((TAC:(芯片 OR GPU OR FPGA OR ASIC OR 类脑 OR 数据存储 OR 数据储存 OR 资源管理 OR 配置管理 OR 平台管理 OR(虚拟化技术 OR 虚拟机 OR 硬件虚拟化 OR 结构化数据 OR $SEN 容器)) OR 三副本 OR 计算机 OR 网络 OR 信息)$SEN(分布式 OR 擦除码 OR(网络 OR 数据收集 OR 数据采集 OR 高速数据安全) OR 数据映像 OR 数据辨析 OR 数据抽取 OR 数据精洗 OR 分布式存储 OR 数据存储介质 OR 数据序列模式 OR 关联规则 OR 分类 OR 聚类 OR 决策树 OR 基站 OR 移动站 OR 中继站 OR 无线终端 OR 网络架构 OR 扁平化网络 OR 分布式架构 OR 混合网络 OR 光网络 OR 光传输网络 OR 光通信网络 OR 光接入网 OR TACD:(信号调理 OR 放大滤波 OR 信号控制 OR 数字信号处理 OR 数字滤波 OR 双向通信 OR 双向通讯 OR 数据交互 OR 交互通信 OR	技术层	知识图谱	知识推理和质量评估	图结构和统计规则挖掘的推理 OR 知识图谱表示学习的推理 OR 神经网络的推理 OR 混合推理
			虚拟现实	三维建模技术	三维 3D 立体建模模型
				三维显示技术	3D 电影、舞台全息图、全息投影和体积三维显示
				三维音频技术	与智能语音类应用场景的不同
				体感交互技术	动作捕捉、手势与面部表情识别
		应用层	智慧安防	监控 OR 防盗 OR 消防预警 OR 门禁 OR 安保 OR 安防	
			智慧医疗	手术 OR 外科 OR 微创 OR 诊治 OR 诊疗 OR 会诊 OR 护理 OR 诊断 OR 监护 OR 看护	
			智慧工业	工业机器人 OR 物联网	

续表

一级分支	总检索式	二级分支	三级分支	四级分支	五级分支
人工智能	自校准 OR 自动校准 OR 自校正 OR 用户自定义）) AND TACD:(传感器 OR 传感装置 OR 传感单元 OR 传感元件 OR 传感元件 OR 通信)) AND 云计算 OR 云平台 OR 云服务 OR 大数据 OR 通信))) AND ((TACD:(人工智能 OR AI) OR SEIC:(人工智能)))) AND (PBD:[20000101 TO 20211231])		智慧交通	无人驾驶 OR 网约车 OR 自动停车 OR 汽车租赁 OR 汽车金融 OR 导航	
			智慧教育	智慧课堂 OR 智慧学习系统 OR 智能搜题和批改 OR 智慧图书馆	
		应用层	智慧家居	智能家电、智能照明、智能音箱、穿戴设备、服务机器人	
			智慧城市	智慧公共服务和城市管理系统；智慧城市综合体：采用视觉采集和识别、各类传感器、无线定位系统、RFID、条码识别、视觉标签等顶尖技术，构建智能视觉物联网，对城市综合体的要素进行智能感知、自动数据采集；指挥中心、计算机网络机房、智能监控系统、和平区街道图书馆和数字化公共服务网络系统	

续表

一级分支	二级分支	三级分支	四级分支	五级分支
人工智能	应用层	智慧农业	智能灌溉 OR 智能温室大棚 OR 智能生产环境监控 农业电子商务、食品溯源防伪、农业休闲旅游、农业信息服务	
		智慧金融	智能支付 OR 智能营销 OR 智能客服 OR 智能征信 OR 智能风控	
		智慧零售	自动售货 OR 无人便利店 OR 智慧物流 OR 智慧商店 OR 智慧快递 OR 智慧药房 OR 智慧超市	

总检索式